LA STORIA DELLE AUTO DA RALLY GRUPPO B

# Storia dei Rally Gruppo B

CARLO RUBERTI • ALESSIA CARLESI

# CAPITOLO 1
**L'Atmosfera del Rally**

Negli anni '80, seguire le gare del Gruppo B era un'esperienza straordinaria, ma molto diversa da quella a cui siamo abituati oggi con la copertura mediatica globale.

Immagina di trovarti in una foresta oscura e umida, circondato da migliaia di appassionati che aspettano impazienti il rombo dei motori. È notte fonda, ma l'oscurità è spezzata dalle fiammate delle marmitte, dal riflesso delle luci dei fari che attraversano gli alberi come lame di luce. L'aria è carica di attesa, e ogni sussurro, ogni scricchiolio di rami, sembra annunciare l'arrivo di un bolide. Poi, all'improvviso, un ruggito lontano si avvicina rapidamente. In pochi secondi, un'auto esplode nel tuo campo visivo, lanciata a velocità folle, sfrecciando tra il pubblico a pochi centimetri di distanza. L'auto passa in un attimo, lasciando dietro di sé solo una nube di polvere e l'eco di un motore che sembra risuonare nelle tue ossa. Questo è il rally: un'esperienza cruda e viscerale.

## Il Pubblico

Il rally era, ed è ancora, uno sport per tutti. Non c'erano tribune numerate, biglietti costosi o barriere invalicabili. Gli spettatori, armati di thermos di caffè, panini, e qualche coperta, si riversavano nei boschi, sulle montagne e nei villaggi, creando un'atmosfera unica. Le famiglie partivano all'alba per raggiungere i migliori punti di osservazione, posizionandosi strategicamente su una curva cieca, su un tornante o in cima a una salita. Il trasporto del pubblico avveniva con ogni mezzo disponibile: fuoristrada, furgoni, o anche a piedi, attraverso sentieri fangosi e impervi. E poco importava il meteo: pioggia, neve, fango o sole cocente, nulla poteva fermare l'entusiasmo degli appassionati.

Il rally non era solo uno sport; era un evento comunitario. Nei villaggi attraversati dalle auto, l'arrivo della carovana del rally era un momento speciale. Gli abitanti, spesso coinvolti come volontari per la sicurezza o per aiutare nell'organizzazione, vivevano l'evento con una passione che andava oltre la semplice curiosità. I bambini giocavano lungo il percorso fino all'ultimo minuto, prima di essere richiamati in sicurezza dai genitori. Gli anziani, che avevano visto passare generazioni di auto da corsa, si sistemavano nei punti strategici per godersi lo spettacolo, condividendo storie di rally passati. Il rally era l'occasione per far parte di qualcosa di grande, di partecipare a un evento che portava il mondo nel loro cortile.

## Il Fascino dell'Evento

Ogni rally aveva la sua anima, il suo carattere. Il Monte Carlo era elegante e pericoloso, con le sue strade strette e ghiacciate che attraversavano i villaggi arroccati. Il Safari Rally era un'epopea in Africa, dove le auto affrontavano condizioni estreme e animali selvaggi. Il RAC in Gran Bretagna era una maratona fangosa tra le foreste. Ma in ogni luogo, la magia era la stessa: un'auto lanciata al massimo delle sue capacità, sfidando le leggi della fisica, con un pilota e un copilota che affrontavano curve cieche, salti spaventosi e strade strette con un coraggio ai limiti dell'incoscienza.

Gli spettatori erano parte integrante di questo spettacolo. Erano lì, a pochi centimetri dalle auto, spesso disposti in file troppo vicine per essere considerate sicure. Ma in quegli anni, la sicurezza era un concetto diverso, quasi astratto. Gli appassionati si facevano da parte all'ultimo secondo, lasciando un varco appena sufficiente per far passare le auto, che sfrecciavano via tra due ali di folla. Era un gioco pericoloso, ma era anche parte del fascino: quella sensazione di essere protagonisti di qualcosa di unico, di poter dire "io c'ero" quando una Lancia Delta S4 o un'Audi Quattro passava ruggendo a pochi centimetri di distanza.

**Il Cuore Pulsante del Rally**

Il rally era, ed è , una sfida tra uomo e macchina, tra tecnica e natura. I piloti non erano solo atleti, ma eroi moderni, capaci di domare bestie meccaniche in condizioni estreme. Ogni tappa del rally era un'avventura, con la possibilità di passare dalla vittoria al disastro in un attimo. E questo rendeva ogni rally unico, ogni curva una potenziale leggenda.

In questo contesto, il pubblico non era solo spettatore, ma parte di un rituale collettivo. Lungo i percorsi, tra il fango e la neve, si creava un legame tra chi guidava e chi guardava, un legame fatto di rispetto, ammirazione e pura passione. Il rally non era solo una gara, ma un evento che univa comunità, generazioni e culture diverse, tutte legate dal suono inconfondibile dei motori che ruggivano attraverso le foreste, le montagne e i deserti.

Questa è la vera essenza del rally: un'esperienza totale, che coinvolge il cuore, la mente e i sensi. Un evento che, una volta vissuto, non si dimentica più.

# CAPITOLO 2
## La Genesi del Gruppo B

Raccontare la storia dei rally degli anni '80, con un focus dettagliato sul leggendario Gruppo B e su tutte le auto e le scuderie coinvolte, è un'impresa titanica. L'epoca del Gruppo B non è solo un capitolo della storia del Motorsport; è un'epopea di innovazione, coraggio e pura adrenalina. Ti darò un assaggio ricco e dettagliato, riassumendo alcuni dei momenti più incredibili, le auto più iconiche, e le storie più leggendarie.

Negli anni '70, il mondo del rally stava cambiando. Le strade fangose e le foreste dense erano diventate i luoghi di battaglia per case automobilistiche ambiziose e piloti coraggiosi. Le vetture del Gruppo 4, protagoniste in quel periodo, avevano già portato innovazioni come la trazione integrale (introdotta dall'Audi Quattro), ma qualcosa di più radicale era in arrivo.

**L'introduzione del Gruppo B nel 1982** è stato un punto di svolta. La FIA aveva deciso di allentare le regole per stimolare l'innovazione tecnica. Questo significava che i produttori potevano usare materiali esotici, motori potenti e aerodinamica sperimentale, senza preoccuparsi delle omologazioni di massa. Dovevano solo costruire 200 esemplari omologati, un numero relativamente piccolo, per scendere in pista. Il risultato? Un'era di macchine incredibilmente veloci, talmente potenti da essere quasi impossibili da domare.

**L'Apoteosi del Gruppo B: Le Macchine**

Le auto del Gruppo B erano delle vere e proprie bestie, concepite senza compromessi. Ecco un'analisi dei modelli più iconici:

1.　　**Audi Quattro S1 E2 (1985)**
◦　　**Motore**: 5 cilindri in linea, turbo, 2.1 litri.
◦　　**Potenza**: Fino a 600 CV.
◦　　**Trazione**: Integrale quattro.

- **Tecnologia**: Il pionieristico sistema di trazione integrale della Quattro era già una rivoluzione. Con l'S1 E2, Audi introdusse un'aerodinamica esasperata, con ali e appendici mostruose. La trazione integrale permise all'Audi di dominare su tutte le superfici, ma il peso elevato della vettura la rendeva meno agile sulle strade tortuose rispetto alle rivali.

L'Audi Quattro S1 E2 del 1985 è probabilmente l'auto da rally più iconica mai realizzata, un simbolo dell'epoca del Gruppo B. La S1 E2 rappresenta il culmine di un'evoluzione iniziata nel 1980 con la prima Audi Quattro, che introdusse la trazione integrale nel mondo del rally, rivoluzionando per sempre il motorsport.

- **Origini e Sviluppo**
- L'Audi Quattro originale debuttò nel 1980 come una coupé sportiva dotata di un sistema di trazione integrale permanente, un concetto nuovo per le competizioni rallystiche, dominato fino ad allora da vetture a trazione posteriore o anteriore. All'epoca, la trazione integrale era considerata più adatta ai fuoristrada che alle corse, ma Audi dimostrò il contrario, inaugurando una nuova era. La prima versione da competizione della Quattro, la A1, e poi la più evoluta A2, furono dominanti nei primi anni '80. Ma con la crescente competitività del Gruppo B, la casa di Ingolstadt sapeva di dover alzare la posta.
- Nel 1985, Audi introdusse la **Quattro S1 E2**, una versione estremamente evoluta e aerodinamicamente affinata della S1 originale. Il suffisso "E2" (Evolution 2) indicava il passo avanti rispetto al modello precedente. Questa vettura era progettata per affrontare le condizioni estreme e la concorrenza feroce del Gruppo B, portando il concetto di trazione integrale e di turbo ad un nuovo livello.
- **Specifiche Tecniche**
- **Motore**:

L'Audi Quattro S1 E2 era equipaggiata con un motore a 5 cilindri in linea da 2,1 litri, sovralimentato da un enorme turbocompressore

KKK. Questo motore era noto per la sua robustezza e per la capacità di produrre una potenza fenomenale.

- **Potenza**: La potenza variava a seconda della configurazione, ma in versione gara poteva arrivare fino a 600 CV a 8.000 giri/min.
- **Coppia**: Circa 590 Nm, disponibile già a 5.500 giri/min.
- **Turbocompressore**: L'enorme turbo generava un lag significativo, ma quando entrava in coppia, la spinta era brutale, capace di catapultare la vettura in avanti con una forza devastante.
- **Trazione**:

Il sistema di trazione integrale "quattro" era il cuore della vettura. Audi perfezionò ulteriormente questo sistema per la S1 E2, garantendo una ripartizione della coppia tra gli assi anteriore e posteriore che permetteva alla vettura di avere trazione in ogni condizione, che fosse fango, neve o asfalto.

- **Telaio e Carrozzeria**:

La carrozzeria dell'S1 E2 era costruita principalmente in materiali compositi come kevlar e fibra di vetro per ridurre il peso, ma nonostante ciò, la vettura pesava ancora circa 1.090 kg. Per compensare il peso, Audi dotò la vettura di un kit aerodinamico estremamente aggressivo: una grande ala posteriore, uno spoiler anteriore prominente e delle minigonne laterali molto pronunciate. Questi elementi, oltre a migliorare la stabilità ad alte velocità, generavano un carico aerodinamico impressionante, essenziale per mantenere la vettura incollata al terreno.

- **Trasmissione**:

Il cambio era un manuale a 6 marce, rinforzato per gestire l'enorme coppia generata dal motore turbo. La rapportatura era corta, consentendo accelerazioni brucianti, ma richiedeva al pilota un impegno costante per mantenere il motore nel giusto range di giri.

- **Sospensioni e Freni**:

Le sospensioni erano a doppio braccio oscillante, con ammortizzatori a gas Bilstein, regolabili in modo da adattarsi ai vari tipi di superfici. L'impianto frenante era costituito da dischi ventilati in ghisa, con pinze a quattro pistoncini, un sistema potente ma che faticava a mantenere prestazioni costanti durante le gare più lunghe a causa del peso elevato dell'auto.

- **Prestazioni e Caratteristiche di Guida**
- La Quattro S1 E2 era una macchina brutale. L'enorme turbo, combinato con la trazione integrale, permetteva accelerazioni incredibili: da 0 a 100 km/h in circa 3,1 secondi su ghiaia! Tuttavia, la potenza era difficile da gestire. Il turbo-lag era notevole, il che significava che l'auto poteva passare da una risposta relativamente piatta a una spinta furiosa in un istante. Questo rendeva la guida incredibilmente impegnativa, specialmente in curve strette o su terreni irregolari.
- Nonostante queste difficoltà, quando nelle mani di un pilota esperto come **Walter Röhrl** o **Michèle Mouton**, la Quattro S1 E2 era praticamente imbattibile. La coppia erogata dal motore turbo, combinata con la trazione integrale avanzata, permetteva alla vettura di affrontare curve e salite con una trazione che le altre auto a due ruote motrici potevano solo sognare.
- **Successi e Impatto sul Rally**
- La S1 E2 debuttò al Rally dell'Acropoli del 1985, una delle gare più dure del calendario, e nonostante le sue dimensioni e il suo peso, si dimostrò subito competitiva. Il culmine della carriera della S1 E2 fu la vittoria di Walter Röhrl alla Pikes Peak International Hill Climb del 1987, dove demolì il record della gara, segnando un nuovo standard per la competizione.
- **Punti di Forza**:
- **Trazione Integrale**: Il sistema quattro era insuperabile su superfici scivolose, dando all'Audi un vantaggio significativo su ghiaia e neve.
- **Potenza Grezza**: Il motore turbo da 600 CV forniva una

spinta senza pari, capace di trasformare la Quattro in un missile su ruote.

- **Affidabilità**: Nonostante il peso e le dimensioni, la robustezza del telaio e del motore significava che la S1 E2 poteva sopportare le gare più dure senza cedere.
- **Punti di Debolezza**:

o **Peso**: Rispetto alla concorrenza più leggera, come la Peugeot 205 T16, la S1 E2 era penalizzata su percorsi stretti e tecnici.

o **Turbo-lag**: Il ritardo del turbo rendeva la risposta del motore difficile da prevedere, richiedendo un alto livello di abilità per essere gestita correttamente.

o **Agilità**: Sebbene potente, la S1 E2 era meno agile e più ingombrante rispetto alle rivali, rendendola meno competitiva in determinate condizioni.

- **Conclusione**

- L'Audi Quattro S1 E2 non era solo una macchina; era un simbolo di ciò che era possibile raggiungere con l'innovazione tecnica e il coraggio di spingersi oltre i limiti. Seppur limitata da alcune caratteristiche intrinseche, come il peso e il turbo-lag, la sua trazione integrale e la pura potenza la resero una delle vetture più temute del Gruppo B. Anche oggi, l'Audi S1 E2 è ricordata con reverenza, non solo come una delle auto più potenti mai costruite, ma come una delle vetture che hanno segnato indelebilmente la storia del motorsport.

## 2. Lancia Delta S4 (1985)

- **Motore**: 4 cilindri in linea, 1.8 litri, combinato turbo e compressore volumetrico.

- **Potenza**: 550 CV.

- **Tecnologia**: L'arma segreta della Lancia era la doppia sovralimentazione, che eliminava il ritardo di risposta del turbo con l'aiuto del compressore volumetrico. Il telaio tubolare e la carrozzeria in materiali compositi la rendevano leggera e bilanciata, una vera arma da taglio nei rally.

La **Lancia Delta S4** del 1985 è una delle vetture da rally più mitiche della storia, un simbolo dell'epoca d'oro del Gruppo B. Nata da un progetto radicale, la Delta S4 incarnava la ricerca estrema delle prestazioni e della tecnologia, spingendosi oltre i limiti della meccanica e dell'ingegneria. Questo capolavoro rappresentava il culmine della tradizione rallystica della Lancia, una casa automobilistica che, fino a quel momento, aveva già dominato il mondo dei rally con modelli come la Fulvia, la Stratos e la 037.

## Genesi e Sviluppo della Lancia Delta S4

Nel 1983, la Lancia 037 aveva conquistato il Campionato del Mondo Rally, ma con l'avvento delle auto a trazione integrale come l'Audi Quattro, divenne chiaro che la configurazione a trazione posteriore non avrebbe potuto competere. Lancia sapeva che per rimanere competitiva avrebbe dovuto creare qualcosa di completamente nuovo e innovativo. Così nacque il progetto "SE038", che sarebbe poi diventato la Delta S4.

A differenza delle auto precedenti, la Delta S4 non era semplicemente una versione potenziata della Delta stradale. Sotto la pelle, era una macchina completamente diversa, progettata senza compromessi per dominare il Gruppo B. La Delta S4 era un'auto da corsa pura, nascosta sotto una carrozzeria che vagamente ricordava la Delta stradale.

## Caratteristiche Tecniche

**Motore**:

Il cuore della Lancia Delta S4 era il suo motore, un'unità a 4 cilindri in linea da 1.759 cc posizionata in posizione centrale longitudinale. La particolarità di questo motore era la combinazione di due sistemi di sovralimentazione: un **compressore volumetrico** Volumex e un **turbocompressore** KKK. Questo sistema, noto come "twincharging", permetteva di eliminare

quasi completamente il turbo-lag, garantendo una risposta immediata ai bassi regimi e una potenza esplosiva agli alti regimi.

- **Potenza**: In configurazione da gara, il motore della Delta S4 poteva sviluppare fino a 550 CV a 8.000 giri/min.
- **Coppia**: Circa 500 Nm a 5.000 giri/min, con una curva di coppia estremamente piatta e una risposta pronta in ogni situazione.

**Trazione e Trasmissione**:

La Lancia Delta S4 era dotata di un avanzato sistema di trazione integrale permanente. La distribuzione della coppia poteva essere regolata tramite differenziali, con un rapporto standard di 35% all'anteriore e 65% al posteriore, permettendo alla vettura di avere un comportamento bilanciato su qualsiasi tipo di superficie.

- **Cambio**: Un cambio manuale a 5 marce, progettato per sopportare l'enorme coppia e trasferire la potenza in modo efficace.

**Telaio e Carrozzeria**:

La Delta S4 era costruita attorno a un telaio tubolare in acciaio, con pannelli della carrozzeria realizzati in materiali leggeri come kevlar e fibra di carbonio. Questo design assicurava un peso a vuoto di circa 890 kg, estremamente ridotto considerando la potenza generata.

- **Carrozzeria**: La carrozzeria era disegnata per massimizzare l'aerodinamica, con un grande alettone posteriore e ampi parafanghi per ospitare le sospensioni e le ruote maggiorate.

**Sospensioni e Freni**:

Le sospensioni erano a doppi triangoli sovrapposti sia all'anteriore che al posteriore, con ammortizzatori a gas regolabili e barre antirollio. Questa configurazione permetteva di adattare la macchina a una vasta gamma di terreni, dai salti brutali dei rally su ghiaia ai percorsi stretti e tortuosi su asfalto.

- **Freni**: Dischi ventilati su tutte le ruote, con pinze a quattro pistoncini. La leggerezza della vettura, combinata con un impianto frenante così potente, garantiva decelerazioni impressionanti.

**Prestazioni e Caratteristiche di Guida**

La combinazione di motore twincharged, telaio leggero e trazione integrale fece della Delta S4 un'auto temibile su ogni tipo di superficie. Il compressore volumetrico garantiva una spinta immediata ai bassi regimi, mentre il turbo interveniva a regimi più alti, fornendo una potenza devastante. Questo permetteva alla vettura di accelerare da 0 a 100 km/h in meno di 2,5 secondi su ghiaia, una prestazione straordinaria anche secondo gli standard odierni.

La Delta S4 era un'auto impegnativa da guidare. L'enorme potenza, la risposta immediata e il comportamento nervoso richiedevano piloti con riflessi eccezionali e un controllo impeccabile. Nonostante ciò, nelle mani di piloti come **Henri Toivonen** e **Markku Alén**, la Delta S4 si dimostrò praticamente imbattibile, soprattutto su terreni misti dove la trazione integrale e la potenza facevano la differenza.

### Successi e Impatto

La Delta S4 debuttò nel **Rally RAC del 1985**, vincendo subito grazie a Henri Toivonen. Nel 1986, l'auto era considerata una delle principali contendenti per il titolo mondiale. Durante quella stagione, Toivonen e Alén dimostrarono il potenziale della vettura vincendo diverse gare, inclusa l'epica vittoria al Monte Carlo.

Tuttavia, il 1986 fu anche l'anno in cui si verificò la tragedia che pose fine all'epoca del Gruppo B. Al Tour de Corse, Henri Toivonen e il suo copilota Sergio Cresto persero la vita quando la loro Delta S4 uscì di strada, si schiantò e prese fuoco. Questo incidente, insieme ad altri eventi drammatici, portò la FIA a cancellare il Gruppo B alla fine della stagione.

### Punti di Forza

- **Potenza e Tecnologia**: La combinazione di compressore volumetrico e turbo era un capolavoro di ingegneria, garantendo una curva di potenza quasi perfetta.
- **Trazione Integrale**: Il sistema 4WD avanzato conferiva alla Delta S4 un grip eccezionale su qualsiasi superficie.
- **Leggerezza e Robustezza**: Il telaio tubolare e i materiali

compositi permisero di creare un'auto estremamente leggera ma anche resistente agli stress estremi dei rally.

## Punti di Debolezza

- **Complessità Meccanica**: Il sistema twincharged era estremamente complesso e richiedeva una manutenzione costante.
- **Affidabilità**: Sebbene potente, il sistema di sovralimentazione combinata era delicato e soggetto a problemi, specialmente in condizioni estreme.
- **Sicurezza**: Come tutte le auto del Gruppo B, la sicurezza era un problema. L'incidente di Toivonen evidenziò i rischi di queste vetture estreme.

## Eredità della Lancia Delta S4

La Lancia Delta S4 rimane un simbolo dell'ingegneria senza compromessi che ha caratterizzato il Gruppo B. È ricordata non solo per le sue vittorie e per la tecnologia avanzata, ma anche per il suo ruolo nella fine tragica di quella straordinaria era del rally. L'eredità della S4 vive ancora oggi, un monumento alla spinta oltre i limiti dell'ingegneria e al coraggio dei piloti che le hanno guidate.

3. **Peugeot 205 T16 (1984)**

- **Motore**: 4 cilindri in linea, turbo, 1.8 litri.
- **Potenza**: 450-500 CV.
- **Trazione**: Integrale.
- **Caratteristiche**: Peugeot creò un'auto incredibilmente compatta e leggera con motore centrale e trazione integrale. Questo la rendeva estremamente manovrabile, perfetta per le strade strette e tortuose. Fu l'auto da battere nel 1985 e 1986.

La **Peugeot 205 Turbo 16 (T16)** del 1984 è una delle auto da rally più leggendarie di tutti i tempi, e rappresenta il culmine dell'ingegno e della determinazione di Peugeot per affermarsi nel mondo dei rally, soprattutto nell'era del Gruppo B. Questa vettura non solo dominò il Campionato del Mondo Rally, ma lo fece con uno stile e una precisione ingegneristica che la resero una delle più grandi auto da corsa mai costruite.

**Origini e Sviluppo**

La Peugeot 205 T16 nasce in un momento cruciale per il marchio francese. Nei primi anni '80, Peugeot stava attraversando una crisi finanziaria, e il progetto di un'auto da rally competitiva era un modo per rilanciare il marchio a livello globale. Il progetto fu avviato sotto la guida del direttore della Peugeot Talbot Sport, Jean Todt, con un obiettivo chiaro: vincere il Campionato del Mondo Rally.

Il nome "Turbo 16" rifletteva le caratteristiche tecniche della vettura: un motore turbo e una trazione integrale (4WD, da cui "16", che indicava il numero totale di valvole del motore e il sistema 4 ruote motrici). Per soddisfare i requisiti di omologazione del Gruppo B, Peugeot costruì 200 esemplari stradali, la **Peugeot 205 Turbo 16 Stradale**, una versione leggermente meno estrema ma che manteneva molti degli attributi della vettura da competizione.

## Caratteristiche Tecniche

**Motore**:

Il cuore della 205 T16 era un motore a 4 cilindri in linea da 1.775 cc, posizionato trasversalmente dietro i sedili anteriori, in configurazione **mid-engine**. Il motore era sovralimentato da un turbocompressore KKK che, sebbene soggetto a un certo lag, era in grado di produrre una potenza impressionante.

- **Potenza**: La potenza variava a seconda delle specifiche, ma nelle versioni da competizione più avanzate, il motore erogava circa **450-500 CV**.
- **Coppia**: Circa 490 Nm, garantendo una trazione eccezionale in qualsiasi condizione.

**Trazione e Trasmissione**:

Una delle caratteristiche distintive della 205 T16 era la trazione integrale permanente, una scelta quasi obbligata per competere contro rivali come l'Audi Quattro. Il sistema di trazione era altamente sofisticato, con differenziali anteriore, centrale e posteriore regolabili, che permettevano una ripartizione ottimale della coppia.

• **Cambio**: La vettura utilizzava un cambio manuale a 5 marce, montato trasversalmente, direttamente dietro il motore, per ridurre il peso e ottimizzare la distribuzione delle masse.

**Telaio e Carrozzeria**:

La 205 T16 era costruita attorno a un telaio tubolare in acciaio, con una carrozzeria in materiali compositi leggeri come fibra di vetro e kevlar. Questo design permetteva di mantenere il peso intorno ai **960 kg**, un risultato impressionante data la complessità della vettura e la robustezza necessaria per affrontare i terreni più impervi del rally.

• **Distribuzione dei pesi**: Il motore centrale e la trazione integrale garantivano una distribuzione dei pesi quasi perfetta, con un leggero bias verso la parte posteriore, migliorando la trazione e la maneggevolezza.

**Sospensioni e Freni**:

Le sospensioni erano a doppi triangoli sovrapposti sia all'anteriore che al posteriore, con ammortizzatori Bilstein regolabili in altezza, che permettevano di adattare la vettura a qualsiasi tipo di terreno, dai salti sui tracciati in ghiaia alle strade asfaltate più lisce.

• **Freni**: Il sistema frenante era composto da dischi ventilati di grandi dimensioni su tutte e quattro le ruote, con pinze a quattro pistoncini. Questo garantiva una frenata potente e consistente, essenziale per gestire la potenza e la velocità della 205 T16.

**Prestazioni e Caratteristiche di Guida**

La Peugeot 205 T16 era una macchina straordinariamente equilibrata. Grazie al peso ridotto, al motore centrale e alla trazione integrale, la vettura offriva una maneggevolezza eccezionale e un'accelerazione impressionante. Riusciva a passare da 0 a 100 km/h in circa 3,3 secondi, una cifra incredibile per un'auto da rally degli anni '80.

La posizione del motore e la distribuzione dei pesi davano alla 205 T16 una stabilità incredibile in curva, permettendo ai piloti di mantenere un ritmo elevato anche nelle sezioni più tecniche e strette dei tracciati. Tuttavia, il turbo-lag richiedeva ai piloti di avere un controllo preciso dell'acceleratore e una buona conoscenza delle caratteristiche del motore per sfruttarne appieno il potenziale.

## Successi e Palmarès

La 205 T16 fece il suo debutto ufficiale nel Campionato del Mondo Rally durante il **Tour de Corse del 1984**, ma fu nel 1985 e nel 1986 che la vettura dominò il mondiale, vincendo sia il Campionato Costruttori che quello Piloti in entrambe le stagioni. Nel 1985, **Timo Salonen** conquistò il titolo piloti, mentre nel 1986 fu **Juha Kankkunen** a portare a casa il trofeo, anche se in una stagione tragica che segnò la fine del Gruppo B.

## Punti di Forza

- **Bilanciamento Perfetto**: Il motore centrale e la trazione integrale conferivano alla 205 T16 un equilibrio eccezionale, rendendola estremamente maneggevole.

- **Potenza Bruta**: Il motore turbo offriva una potenza esplosiva, soprattutto agli alti regimi, permettendo accelerazioni fulminee.

- **Affidabilità**: Nonostante l'enorme complessità tecnica, la 205 T16 era relativamente affidabile rispetto ad altre vetture del Gruppo B, il che contribuì ai suoi successi.

## Punti di Debolezza

- **Turbo-lag**: Come molte auto turbo dell'epoca, la 205 T16 soffriva di un notevole ritardo nella risposta del motore, che richiedeva abilità particolari da parte del pilota per essere gestito efficacemente.

- **Visibilità Limitata**: Il posizionamento del motore e la configurazione del telaio riducevano la visibilità posteriore, complicando le manovre in condizioni di scarsa visibilità.

## Eredità della Peugeot 205 T16

La Peugeot 205 T16 non è solo una leggenda del Gruppo B, ma anche un simbolo di come la determinazione e l'innovazione possano trasformare un marchio in crisi in un campione mondiale. Le lezioni apprese con la T16 influenzarono le vetture Peugeot nei decenni successivi, sia nel motorsport che nella produzione di serie. Il dominio della 205 T16 durante i suoi anni di attività rimane uno dei capitoli più straordinari nella storia del rally, e la sua eredità continua a vivere tra gli appassionati e i puristi del motorsport.

4. **Ford RS200 (1984)**
   - **Motore**: 4 cilindri in linea, turbo, 1.8 litri.
   - **Potenza**: 450 CV (in versione da gara).

- **Progetto**: Concepita come un'auto totalmente nuova, la RS200 aveva un telaio a motore centrale e trazione integrale. Nonostante le promettenti specifiche, ebbe sfortuna a emergere prima del tramonto del Gruppo B, diventando un simbolo delle potenzialità non sfruttate.

La **Ford RS200** del 1984 è una delle vetture più iconiche del Gruppo B, non solo per il suo design radicale e la tecnologia avanzata, ma anche per la sua storia travagliata e il destino tragico che la legò al declino dell'intera categoria. Creata con l'intenzione di dominare il mondo dei rally, la RS200 rappresenta il culmine dell'impegno ingegneristico di Ford e la sua determinazione a creare una vettura da rally senza compromessi.

**Origini e Sviluppo**

Nei primi anni '80, la Ford partecipava al Campionato del Mondo Rally con la **Escort RS1700T**, un'auto a trazione posteriore che si rivelò rapidamente non competitiva contro le nuove auto a trazione integrale, come l'Audi Quattro. Nel 1983, Ford decise di abbandonare il progetto della RS1700T e di iniziare lo sviluppo di una vettura completamente nuova, progettata specificamente per le rigide esigenze del Gruppo B.

La RS200 doveva essere una macchina rivoluzionaria, costruita senza alcun legame con i modelli stradali esistenti. Il progetto fu affidato a una squadra di ingegneri guidata da John Wheeler, con l'aiuto del famoso designer automobilistico Tony Southgate, noto per il suo lavoro in Formula 1. Ford collaborò anche con l'azienda britannica **Reliant** per sviluppare il telaio e la carrozzeria.

La Ford RS200 era un progetto totalmente nuovo, senza vincoli derivati da modelli stradali esistenti. Questo permise agli ingegneri di creare una macchina con un equilibrio perfetto tra potenza, maneggevolezza e trazione, una vera macchina da rally.

## Caratteristiche Tecniche

**Motore**:

Il motore della RS200 era un 4 cilindri in linea da 1.8 litri, con doppio albero a camme in testa (DOHC), sovralimentato da un turbocompressore Garrett T3.

- **Potenza**: In configurazione gara, il motore poteva erogare tra 450 e 500 CV. Le versioni evoluzione ("E2") superavano i 550 CV.
- **Coppia**: Circa 500 Nm, disponibile a regimi medi-alti.
- **Posizionamento**: Il motore era montato longitudinalmente in posizione centrale, dietro i sedili anteriori, per garantire una distribuzione del peso ottimale.

**Trazione e Trasmissione**:

Uno dei punti di forza della RS200 era il suo avanzato sistema di trazione integrale. La distribuzione della coppia poteva essere variata tra i due assi per adattarsi alle condizioni del terreno.

- **Cambio**: Il cambio manuale a 5 marce era montato anteriormente rispetto al motore, collegato tramite un sistema di alberi di trasmissione che attraversavano l'abitacolo. Questa configurazione insolita contribuiva a bilanciare meglio la vettura.
- **Differenziali**: La vettura era dotata di tre differenziali (anteriore, centrale e posteriore), tutti regolabili, che permettevano un'ottimizzazione della trazione in base alle condizioni di guida.

**Telaio e Carrozzeria**:

La RS200 era costruita attorno a un telaio monoscocca in acciaio, con sottotelai anteriore e posteriore in alluminio. La carrozzeria era realizzata in materiali compositi leggeri, principalmente fibra di vetro, per ridurre il peso complessivo e migliorare la rigidità strutturale.

- **Peso**: La vettura pesava circa 1.050 kg, un risultato notevole considerando la complessità del sistema di trazione integrale e la robustezza del telaio.
- **Design**: La carrozzeria, disegnata da Ghia, presentava un aspetto aggressivo e aerodinamico, con una grande presa d'aria frontale, passaruota muscolosi e un imponente spoiler posteriore, progettato per migliorare la deportanza.

**Sospensioni e Freni**:

La RS200 era dotata di sospensioni a doppio triangolo sovrapposto sia all'anteriore che al posteriore, con ammortizzatori a gas regolabili. Questo sistema permetteva una regolazione fine per adattare la vettura a diverse superfici di gara, garantendo stabilità e controllo anche nelle condizioni più difficili.

- **Freni**: L'impianto frenante era costituito da dischi ventilati su tutte le ruote, con pinze a quattro pistoncini, garantendo una potenza frenante adeguata alle prestazioni elevate della vettura.

**Prestazioni e Caratteristiche di Guida**

La Ford RS200 era una vettura incredibilmente bilanciata. Grazie al motore centrale e al sistema di trazione integrale, la distribuzione dei pesi era quasi perfetta, con un lieve bias verso il posteriore. Questo permetteva una maneggevolezza eccezionale, soprattutto su superfici miste, dove la RS200 poteva sfruttare appieno la sua trazione per mantenere velocità elevate in curva.

Il motore turbo, sebbene potente, soffriva di un certo turbo-lag, un problema comune nelle auto turbo del Gruppo B. Tuttavia, quando il turbo entrava in azione, la vettura accelerava brutalmente, offrendo un'esperienza di guida esaltante ma anche impegnativa per i piloti.

La posizione centrale del motore e la trazione integrale rendevano la RS200 molto prevedibile nelle sue reazioni, con un comportamento neutro in curva. Questo permetteva ai piloti di sfruttare appieno la potenza disponibile, soprattutto in uscita dalle curve, dove altre vetture avrebbero lottato con il sovrasterzo o il sottosterzo.

**Debutto e Carriera Competitiva**

La Ford RS200 debuttò ufficialmente nel **Rally di Svezia del 1986**. Nonostante le grandi aspettative, la vettura non riuscì mai a raggiungere il pieno potenziale, a causa di problemi di gioventù e del fatto che il progetto arrivò tardi rispetto alla concorrenza. Le aspettative elevate vennero infatti deluse da una serie di problemi tecnici e da una concorrenza sempre più feroce.

**Punti di Forza**

- **Bilanciamento**: Il motore centrale e la trazione integrale davano alla RS200 una distribuzione dei pesi eccellente, traducendosi in un comportamento neutro e stabile.
- **Tecnologia Avanzata**: La RS200 era una delle auto più tecnologicamente avanzate del Gruppo B, con un design su misura per massimizzare le prestazioni.
- **Versatilità**: Grazie alla trazione integrale e al telaio avanzato, la RS200 era estremamente versatile, performando bene su diverse superfici.

**Punti di Debolezza**

- **Turbo-lag**: Il motore turbo soffriva di un significativo ritardo nella risposta, richiedendo ai piloti di adattarsi e pianificare con attenzione l'erogazione della potenza.
- **Problemi di Affidabilità**: Essendo un progetto completamente nuovo, la RS200 soffrì di problemi tecnici nelle sue prime gare, limitando il suo potenziale competitivo.
- **Timing**: La RS200 arrivò sul campo di gara troppo tardi, quando il Gruppo B era ormai al culmine della sua pericolosità e le altre case automobilistiche avevano già perfezionato le loro vetture.

## Eredità della Ford RS200

Il 1986 fu un anno tragico per la RS200. Durante il Rally del Portogallo, il pilota Joaquim Santos perse il controllo della sua RS200 e uscì di strada, travolgendo gli spettatori. L'incidente causò la morte di tre persone e il ferimento di molte altre. Questo tragico evento, insieme ad altri incidenti mortali nel Gruppo B, portò la FIA a prendere la decisione di bandire la categoria alla fine della stagione.

Nonostante la sua carriera breve e sfortunata, la Ford RS200 è rimasta nella memoria collettiva degli appassionati di rally come una delle auto più affascinanti e tecnicamente avanzate del Gruppo B. Il suo design unico e la sua potenza brutale la rendono ancora oggi un'icona di quell'era. Dopo il ritiro dal rally, la RS200 trovò nuova vita nelle competizioni di rallycross, dove continuò a dimostrare il suo potenziale vincendo numerosi titoli.

In definitiva, la Ford RS200 è un simbolo dell'ambizione di Ford di competere ai massimi livelli del motorsport, un'auto progettata senza compromessi che, purtroppo, non ha mai avuto l'opportunità di mostrare davvero il suo potenziale in una categoria che venne cancellata troppo presto.

## 5. MG Metro 6R4 (1984)

- **Motore**: V6 aspirato, 3.0 litri.
- **Potenza**: Circa 410 CV.
- **Innovazione**: Mentre le altre vetture del Gruppo B usavano motori turbo, la Metro 6R4 optò per un V6 aspirato, per una risposta più immediata. Anche se potente, soffriva di affidabilità, con prestazioni altalenanti.

La **MG Metro 6R4** è una delle vetture più affascinanti e inusuali della leggendaria era del Gruppo B. A differenza di molte sue concorrenti, che erano turbo-compresse, la 6R4 era unica per il suo motore aspirato, un V6 che generava una potenza notevole senza il problema del turbo-lag. Questa caratteristica la distingueva in un mondo di motori sovralimentati, ma nonostante le innovazioni tecniche, la sua carriera nei rally fu breve e sfortunata.

### Origini e Sviluppo

La storia della MG Metro 6R4 inizia nei primi anni '80, quando il Gruppo Austin Rover, parte del conglomerato British Leyland, decise di partecipare al Campionato del Mondo Rally con una vettura all'avanguardia. Il Gruppo B stava diventando sempre più competitivo, e Austin Rover sapeva che per avere una possibilità di successo avrebbe dovuto sviluppare qualcosa di radicalmente nuovo. La base per la nuova auto fu la piccola e compatta **Austin Metro**, un'utilitaria britannica che, con le giuste modifiche, poteva essere trasformata in una macchina da corsa.

Per sviluppare la 6R4, Austin Rover si affidò alla **Williams Grand Prix Engineering**, la squadra di Formula 1 che aveva appena vinto il campionato del mondo con Keke Rosberg nel 1982. Questo portò alla creazione di una vettura estremamente sofisticata, che combinava l'ingegneria da corsa della Formula 1 con l'esperienza della Metro.

Il nome "6R4" indicava le caratteristiche principali della vettura:

- **6** per il motore V6.
- **R** per "Rally".
- **4** per le quattro ruote motrici.

### Caratteristiche Tecniche

**Motore**:

La Metro 6R4 era alimentata da un motore V6 aspirato da 3,0 litri, progettato specificamente per l'auto. Questo motore era un'unità a 90 gradi, basata sui concetti della tecnologia impiegata dalla Cosworth nella Formula 1, ma senza la sovralimentazione.

- **Potenza**: Nella versione da competizione, il motore erogava circa **410 CV** a 9.000 giri/min, con una versione evoluta che poteva arrivare fino a 450 CV.
- **Coppia**: 360 Nm, distribuiti in modo lineare grazie alla natura aspirata del motore, che garantiva una risposta immediata dell'acceleratore.

Il motore era montato in posizione centrale, trasversale dietro i sedili anteriori, una configurazione che garantiva un bilanciamento ottimale del peso.

**Trazione e Trasmissione**:

La 6R4 era dotata di un avanzato sistema di trazione integrale permanente, con differenziali a slittamento limitato che assicuravano una ripartizione della coppia ottimale tra i due assi.

- **Cambio**: Un cambio manuale a 5 marce, montato trasversalmente dietro il motore, era accoppiato al sistema di trazione integrale. Questo contribuiva a una distribuzione del peso molto equilibrata, con il baricentro posizionato al centro dell'auto.

**Telaio e Carrozzeria**:

Il telaio della Metro 6R4 era un telaio tubolare in acciaio, rinforzato e avvolto da una carrozzeria in fibra di vetro. Nonostante la base fosse ispirata alla piccola utilitaria Metro, la 6R4 era una macchina completamente nuova, con poche somiglianze con il modello stradale.

- **Peso**: Con un peso a vuoto di circa 970 kg, la 6R4 era relativamente leggera, specialmente considerando il complesso sistema di trazione integrale.
- **Aerodinamica**: Il design della carrozzeria era aggressivo, con ampi parafanghi, un grande alettone posteriore e un diffusore progettato per aumentare la deportanza e mantenere l'auto stabile a velocità elevate.

**Sospensioni e Freni**:

Le sospensioni della Metro 6R4 erano a doppi triangoli sovrapposti su entrambi gli assi, con ammortizzatori a gas regolabili. Il setup era derivato dall'esperienza in Formula 1, permettendo regolazioni fini per adattarsi a vari tipi di terreni.

- **Freni**: L'impianto frenante era costituito da dischi ventilati su tutte le ruote, con pinze a quattro pistoncini. Questo sistema garantiva una potenza frenante eccezionale, necessaria per gestire le elevate prestazioni della vettura.

## Prestazioni e Caratteristiche di Guida

La Metro 6R4 era una vettura incredibilmente reattiva. Grazie al motore aspirato, non c'era il tipico ritardo nella risposta che affliggeva molte delle sue rivali turbo-compresse. Questo dava ai piloti un controllo molto diretto della potenza, permettendo una guida estremamente precisa, soprattutto nelle curve strette e tecniche. Il motore V6, inoltre, era famoso per la sua linearità nell'erogazione della potenza, garantendo una trazione costante e prevedibile in ogni situazione.

Il sistema di trazione integrale, combinato con il motore centrale, conferiva alla 6R4 un equilibrio eccellente, riducendo il sovrasterzo e aumentando la stabilità. Tuttavia, la macchina era molto nervosa al limite, richiedendo ai piloti di avere riflessi rapidi e un controllo impeccabile per sfruttare appieno il potenziale della vettura.

## Carriera Competitiva

La MG Metro 6R4 fece il suo debutto ufficiale nel **Rally GB del 1985**. La vettura si dimostrò subito competitiva, con Tony Pond che finì al terzo posto, un risultato promettente per una vettura alla sua prima uscita. Tuttavia, nonostante questo inizio incoraggiante, la carriera della 6R4 fu segnata da problemi di affidabilità.

Nel 1986, quando la 6R4 era finalmente pronta a competere a pieno regime, il Gruppo B fu messo sotto scrutinio a causa di numerosi incidenti fatali. Sebbene la 6R4 avesse il potenziale per diventare un contendente serio, la sua carriera fu interrotta bruscamente quando la FIA decise di bandire le auto del Gruppo B alla fine della stagione 1986.

## Punti di Forza

- **Risposta Immediata**: Il motore aspirato V6 offriva una risposta dell'acceleratore istantanea, un grande vantaggio rispetto ai motori turbo che soffrivano di lag.
- **Bilanciamento**: La configurazione mid-engine e la trazione integrale davano alla 6R4 un equilibrio eccellente, ideale per i terreni più impegnativi.
- **Innovazione Tecnica**: Il contributo della Williams F1 nella progettazione della vettura significava che la 6R4 beneficiava di soluzioni tecniche all'avanguardia.

## Punti di Debolezza

- **Affidabilità**: Sebbene innovativa, la 6R4 soffriva di problemi di affidabilità, soprattutto legati al motore, che limitavano il suo potenziale nelle gare più lunghe e difficili.
- **Competitività Limitata**: La mancanza di sovralimentazione, pur offrendo vantaggi in termini di risposta, limitava la potenza massima rispetto alle rivali turbo-compresse.
- **Debutto Tardivo**: Come molte vetture del Gruppo B, la 6R4 arrivò sul campo di gara quando la categoria era già prossima alla sua fine, impedendole di esprimere appieno il suo potenziale.

## Eredità della MG Metro 6R4

La Metro 6R4, nonostante la sua breve carriera nei rally, è diventata una delle vetture più amate e rispettate dai fan del motorsport. Dopo il ritiro dal Campionato del Mondo Rally, la 6R4 trovò una seconda vita nelle competizioni di rallycross e nelle gare in salita, dove la sua maneggevolezza e la risposta immediata del motore la resero estremamente competitiva.

Oggi, la 6R4 è una vera e propria icona del Gruppo B, un'auto che rappresenta l'ingegneria britannica al suo meglio e che ha lasciato un segno indelebile nella storia dei rally.

## 6. Renault 5 Turbo Maxi (1984)

- **Motore**: 4 cilindri in linea, turbo, 1.5 litri.
- **Potenza**: 350-400 CV.
- **Configurazione**: Con trazione posteriore e motore centrale, era una scheggia su asfalto, sebbene non riuscisse a competere con le vetture a trazione integrale sulle superfici miste.

La **Renault 5 Turbo Maxi** del 1984, conosciuta anche come **Renault 5 Maxi Turbo**, è una delle auto più iconiche e innovative della storia dei rally. Questo piccolo bolide rappresentava la versione più estrema e avanzata della Renault 5 Turbo, nata dal desiderio di Renault di creare un'auto da rally competitiva e all'avanguardia, capace di sfidare i colossi del Gruppo B. Nonostante le sue dimensioni compatte, la 5 Turbo Maxi era una vera e propria belva, progettata per dominare i rally su asfalto, specialmente nelle tortuose strade delle competizioni europee.

**Origini e Sviluppo**

La storia della Renault 5 Turbo Maxi inizia nei primi anni '80, quando Renault decise di partecipare al Campionato del Mondo Rally con una vettura basata sulla piccola **Renault 5**, una popolare utilitaria francese. La Renault 5 Turbo originale, introdotta nel 1980, era già una rivoluzione: una versione sportiva con motore centrale, trazione posteriore e un turbocompressore che la rendeva estremamente veloce e maneggevole.

Tuttavia, con l'arrivo delle vetture del Gruppo B, sempre più potenti e tecnologicamente avanzate, Renault capì che la 5 Turbo necessitava di un ulteriore sviluppo per rimanere competitiva. Fu così che nel 1984 venne presentata la **Renault 5 Turbo Maxi**, una versione evoluta progettata per massimizzare le prestazioni e migliorare la maneggevolezza, soprattutto nelle gare su asfalto.

**Caratteristiche Tecniche**

**Motore**:

Il cuore della Renault 5 Turbo Maxi era un motore a 4 cilindri in linea da 1.527 cc, montato in posizione centrale posteriore, dietro i sedili anteriori. Questo motore era sovralimentato da un turbocompressore Garrett, che permetteva di ottenere prestazioni notevoli per un'auto così compatta.

- **Potenza**: Nella versione da competizione, il motore erogava circa **350-380 CV**, a seconda delle specifiche e delle condizioni di gara.
- **Coppia**: Circa 420 Nm, con una curva di coppia che favoriva l'accelerazione ai medi regimi.
- **Turbocompressore**: Il grande turbo Garrett garantiva una spinta brutale, ma soffriva di un notevole turbo-lag, che rendeva la risposta del motore esplosiva e difficile da gestire nelle uscite di curva.

**Trazione e Trasmissione**:

Una delle caratteristiche uniche della 5 Turbo Maxi era la trazione posteriore, in contrasto con molte delle sue rivali del Gruppo B che utilizzavano la trazione integrale. Questo, se da un lato limitava la competitività su superfici sterrate o innevate, dall'altro la rendeva una macchina perfetta per i rally su asfalto, dove la leggerezza e la trazione posteriore consentivano una guida estremamente aggressiva.

- **Cambio**: La vettura era dotata di un cambio manuale a 5 marce, progettato per resistere all'enorme coppia generata dal motore turbo.

**Telaio e Carrozzeria**:

La Renault 5 Turbo Maxi era costruita su un telaio rinforzato, basato su quello della Renault 5 Turbo originale, ma ulteriormente modificato per aumentare la rigidità e migliorare la distribuzione dei pesi. La carrozzeria era realizzata in fibra di vetro e materiali compositi, che permettevano di ridurre il peso e aumentare la resistenza strutturale.

- **Peso**: La vettura pesava circa **905 kg**, un peso estremamente ridotto che, insieme alla potenza del motore, garantiva un rapporto peso-potenza impressionante.

- **Aerodinamica**: La 5 Turbo Maxi era dotata di una carrozzeria allargata, con passaruota muscolosi e un ampio spoiler posteriore. Questi elementi miglioravano l'aerodinamica e fornivano una maggiore stabilità ad alta velocità.

**Sospensioni e Freni**:

Le sospensioni erano indipendenti su tutte le ruote, con doppi bracci trasversali, molle elicoidali e ammortizzatori a gas. Questo setup era progettato per garantire la massima aderenza su superfici asfaltate, dove la 5 Turbo Maxi era particolarmente competitiva.

- **Freni**: L'impianto frenante era costituito da dischi ventilati su tutte le ruote, con pinze a quattro pistoncini. Grazie al peso ridotto della vettura, i freni garantivano una decelerazione rapida e sicura, permettendo ai piloti di frenare molto tardi prima delle curve.

## Prestazioni e Caratteristiche di Guida

La Renault 5 Turbo Maxi era una macchina estremamente agile e veloce. Grazie alla sua leggerezza, alla trazione posteriore e al potente motore turbo, la vettura era in grado di affrontare le curve strette con una velocità e una precisione impressionanti. Tuttavia, la guida richiedeva un alto livello di abilità: il turbo-lag era significativo e, quando il turbo entrava in azione, la potenza veniva erogata in modo molto brusco, rendendo la vettura difficile da controllare, soprattutto in uscita di curva.

Su asfalto asciutto, la 5 Turbo Maxi era praticamente imbattibile. La trazione posteriore, combinata con il motore centrale, conferiva alla vettura un equilibrio perfetto, che permetteva ai piloti di sfruttare al massimo le capacità di derapata controllata. Tuttavia, su superfici meno aderenti, come ghiaia o neve, la mancanza della trazione integrale la rendeva meno competitiva rispetto alle rivali del Gruppo B.

## Carriera Competitiva

La Renault 5 Turbo Maxi partecipò principalmente a rally su asfalto, dove la sua configurazione era particolarmente efficace. Uno dei momenti più memorabili fu la partecipazione al **Tour de Corse del 1985**, dove il pilota francese Jean Ragnotti, uno specialista del rally su asfalto, portò la vettura alla vittoria. Questo fu un trionfo straordinario, considerando che la competizione includeva vetture del calibro della Lancia Delta S4 e della Peugeot 205 T16, entrambe dotate di trazione integrale e motori più potenti.

Nonostante questo successo, la carriera della Renault 5 Turbo

Maxi fu relativamente breve. Il Gruppo B stava diventando sempre più pericoloso, e nel 1986, la FIA decise di bandire la categoria a causa dei numerosi incidenti mortali. Questo segnò la fine della carriera della 5 Turbo Maxi nei rally di alto livello, ma la vettura continuò a competere con successo nelle competizioni nazionali e nei rally storici.

**Punti di Forza**

- **Agilità su Asfalto**: La combinazione di leggerezza, motore centrale e trazione posteriore rendeva la 5 Turbo Maxi una delle vetture più agili e veloci nei rally su asfalto.
- **Potenza e Bilanciamento**: Il motore turbo, sebbene soggetto a turbo-lag, forniva una potenza esplosiva, mentre il bilanciamento della vettura permetteva una guida precisa e aggressiva.
- **Design Iconico**: La Renault 5 Turbo Maxi è ancora oggi una delle vetture più riconoscibili e amate dagli appassionati di rally, grazie al suo design compatto e muscoloso.

**Punti di Debolezza**

- **Mancanza di Trazione Integrale**: Su superfici sterrate o innevate, la trazione posteriore era un handicap significativo rispetto alle vetture a trazione integrale.
- **Turbo-lag**: La risposta del turbo era brusca e difficile da gestire, richiedendo ai piloti di adattarsi a uno stile di guida molto particolare.
- **Carriera Breve**: La breve durata del Gruppo B limitò le opportunità della 5 Turbo Maxi di dimostrare il suo pieno potenziale a livello internazionale.

## Eredità della Renault 5 Turbo Maxi

Nonostante la sua carriera relativamente breve, la Renault 5 Turbo Maxi ha lasciato un segno indelebile nella storia dei rally. È un esempio perfetto di come l'ingegneria e il design possano superare i limiti delle dimensioni e della potenza, creando una vettura che, pur non essendo la più potente del Gruppo B, riuscì comunque a competere ai massimi livelli grazie a un equilibrio eccezionale e a una maneggevolezza straordinaria.

Oggi, la Renault 5 Turbo Maxi è una delle vetture più ricercate dai collezionisti e una presenza fissa nei rally storici, dove continua a incantare gli appassionati con il suo aspetto iconico e le sue prestazioni mozzafiato.

## La Fine del Sogno: La Caduta del Gruppo B

Se il Gruppo B è nato come un sogno ad occhi aperti per ingegneri e appassionati, è finito come un incubo. Con l'aumento della potenza, la sicurezza è diventata una preoccupazione secondaria. Le macchine erano incredibilmente veloci, ma difficili da controllare. Incidenti gravi divennero sempre più frequenti. Nel 1986, un incidente mortale in Portogallo, in cui una Ford RS200 uscì di strada uccidendo diversi spettatori, e l'incidente che costò la vita a Henri Toivonen e al suo navigatore Sergio Cresto al Tour de Corse su una Lancia Delta S4, segnarono il destino del Gruppo B.

# CAPITOLO 3
## Il regolamento del Gruppo B

Il regolamento delle auto del Gruppo B, introdotto dalla FIA (Fédération Internationale de l'Automobile) nel 1982, fu pensato per incoraggiare l'innovazione e la partecipazione di case automobilistiche di diversa estrazione. Questo regolamento, sebbene molto permissivo rispetto agli standard odierni, è ciò che ha permesso la creazione di auto incredibilmente potenti e avanzate, ma ha anche portato alla loro breve e tragica esistenza, culminata con il loro ritiro dalle competizioni nel 1986.

Vediamo nel dettaglio il regolamento di gara per le auto del Gruppo B:

Categorie di Gruppo B

Le auto del Gruppo B erano suddivise in diverse classi in base alla cilindrata del motore, con un fattore moltiplicativo di 1.4 per i motori sovralimentati (dotati di turbo o compressore). Questo significava che un'auto con un motore turbo di 1.8 litri veniva considerata come se avesse un motore aspirato di 2.52 litri.

La classe più competitiva era quella delle vetture con cilindrata compresa tra 2.0 e 3.0 litri (compreso il fattore di moltiplicazione per i turbo), dove si trovavano la maggior parte delle auto iconiche come Audi Quattro, Lancia Delta S4, Peugeot 205 T16, e Ford RS200.

Requisiti di Omologazione

A differenza delle categorie precedenti (come il Gruppo 4),

il Gruppo B richiedeva l'omologazione di solo *200 esemplari stradali* per poter competere. Questo era un numero molto basso, permettendo ai costruttori di produrre auto radicali senza dover investire in una grande produzione.

In aggiunta, le case automobilistiche potevano produrre ulteriori 20 vetture evoluzione ("Evolution") per implementare aggiornamenti tecnici significativi, riducendo ulteriormente il peso o migliorando le prestazioni.

Peso Minimo

Il regolamento del Gruppo B non imponeva limiti di peso molto restrittivi, permettendo alle case di sperimentare materiali leggeri come alluminio, kevlar, e fibra di vetro. Di conseguenza, auto come la Lancia Delta S4 e la Peugeot 205 T16 pesavano meno di 1.000 kg, con rapporti peso/potenza estremamente favorevoli.

Motori e Potenza

Non c'erano limiti alla potenza massima del motore, il che spinse i costruttori a sviluppare motori sempre più potenti. Le versioni finali di queste auto arrivavano a superare i 500-600 CV, come nel caso dell'Audi Sport Quattro S1 E2 e della Lancia Delta S4.

La sovralimentazione tramite turbo era quasi universale nel Gruppo B. Alcune vetture, come la Lancia Delta S4, utilizzavano sia un compressore volumetrico che un turbocompressore per massimizzare la potenza su un'ampia gamma di regimi motore.

Aerodinamica e Design

Il regolamento del Gruppo B non imponeva restrizioni significative sul design aerodinamico o sulla forma della carrozzeria. Questo ha permesso l'introduzione di appendici aerodinamiche estreme, come gli enormi alettoni dell'Audi Sport Quattro S1 E2 e i diffusori della Peugeot 205 T16.

Il focus era sull'efficienza aerodinamica e sulla generazione di deportanza per mantenere le auto stabili a velocità elevate.

Sospensioni e Trasmissioni

I regolamenti permettevano l'uso di sistemi di sospensione e trasmissione avanzati, tra cui sospensioni indipendenti e trazioni integrali sofisticate. Audi è stata pioniera con la trazione integrale, seguita poi da Lancia, Peugeot e Ford, che svilupparono sistemi sempre più complessi e performanti.

Le sospensioni erano completamente regolabili, permettendo di adattare le auto a qualsiasi tipo di terreno, dai salti del Rally di Finlandia alle strade strette e tortuose del Rally di Sanremo.

Sicurezza

Purtroppo, le normative di sicurezza del Gruppo B erano inadeguate per le prestazioni che queste auto potevano raggiungere. I sistemi di sicurezza, come le gabbie di sicurezza e i sedili, erano obbligatori, ma non sufficientemente evoluti per resistere agli incidenti ad alta velocità che si verificarono.

La presenza di un numero enorme di spettatori sulle strade, spesso vicinissimi al percorso di gara, aumentava il rischio di incidenti gravi.

Fine del Gruppo B

L'aumento delle prestazioni e la mancanza di adeguate misure di sicurezza portarono a numerosi incidenti tragici. Tra i più noti, l'incidente mortale di Henri Toivonen e del suo navigatore Sergio Cresto al Tour de Corse del 1986. L'incidente fu talmente devastante che portò la FIA a decidere di bandire il Gruppo B dal Campionato del Mondo Rally alla fine della stagione 1986.

Le auto del Gruppo B furono sostituite dal Gruppo A, con

regolamenti molto più rigidi, che imposero limiti di potenza e una produzione minima di 5.000 esemplari stradali.

Il regolamento del Gruppo B, sebbene tecnicamente permissivo, portò alla creazione di alcune delle auto più spettacolari e potenti nella storia del motorsport. Tuttavia, l'enfasi sull'innovazione e sulla performance, a discapito della sicurezza, si rivelò fatale. Le auto del Gruppo B rimangono delle leggende, simbolo di un'era in cui l'ingegneria ha spinto i confini del possibile, ma che ha anche ricordato al mondo del motorsport l'importanza di bilanciare prestazioni e sicurezza.

# CAPITOLO 4
## I Tracciati

Entriamo nei dettagli e scopriamo cosa rendeva ciascuno di questi rally tanto speciale durante l'epoca dei Gruppo B. Queste non erano solo gare, ma autentiche battaglie contro la natura, la tecnologia e spesso anche contro la follia dei piloti!

Rally di Monte Carlo

Iniziava spesso a gennaio, quando le Alpi francesi e monegasche erano coperte di neve e ghiaccio. La tappa più famosa era il Col de Turini, un passo di montagna stretto e tortuoso a oltre 1600 metri di altitudine. Qui la sfida era tutta sulla gestione dei pneumatici: i team dovevano decidere se optare per gomme chiodate o slick, cercando di prevedere le condizioni meteo in continua evoluzione. La Lancia Stratos e l'Audi Quattro A2 sono solo alcune delle auto che hanno dominato queste strade, dimostrando che il mix di potenza e trazione integrale poteva fare la differenza.

Rally dei 1000 Laghi (Finlandia)

Se il Monte Carlo era un test di destrezza, la Finlandia era una prova di coraggio puro. Le prove speciali come *Ouninpohja* erano famose per i lunghi salti e le curve cieche a pieno gas. I piloti finlandesi erano conosciuti come "The Flying Finns" per una ragione: erano maestri nell'arte di bilanciare la macchina a mezz'aria. Qui, le sospensioni erano messe a durissima prova, e vetture come la Peugeot 205 T16 E2 e la Lancia Delta S4, con le loro sospensioni sofisticate, brillavano su questi terreni. Le velocità medie erano tra le più alte di tutto il campionato, rendendo questo rally uno dei più spettacolari e pericolosi.

Rally di Sanremo

Il Rally di Sanremo era unico per il suo formato misto: metà asfalto e metà sterrato. Una particolarità che metteva a dura prova il set-up delle vetture e la capacità dei team di adattarsi velocemente. Le tappe montane come Montalto Ligure erano famose per la loro tortuosità e per la vicinanza degli spettatori, che affollavano ogni curva. La Lancia 037, con il suo layout a trazione posteriore, dominava l'asfalto, mentre la Delta S4 portava al limite la sua trazione integrale nelle sezioni sterrate. La competizione era feroce, con battaglie epiche tra Lancia, Peugeot, e Audi, e ogni errore si pagava caro.

Rally del Portogallo

Uno degli eventi più pericolosi del calendario, soprattutto a causa del pubblico incredibilmente vicino alla pista. Le strade erano spesso coperte da uno strato di polvere così denso che i piloti non vedevano nulla per diversi metri. Le prove speciali come Fafe erano famose per i loro salti, dove le auto letteralmente volavano sopra la folla. La difficoltà stava nel trovare il giusto bilanciamento tra aggressività e controllo, e auto come la Ford RS200 e la Peugeot 205 T16 brillavano per la loro maneggevolezza e potenza. Nonostante la sua pericolosità, il Portogallo era tra le gare preferite dai piloti per il suo fascino unico e il calore del pubblico.

Rally dell'Acropoli

Considerato uno dei rally più duri del WRC, era un vero massacro per le auto. Le strade erano coperte di pietre aguzze, e la temperatura interna delle vetture poteva superare i 50°C. Le prove speciali come Bauxites erano devastanti per i pneumatici e le sospensioni, e qui le vetture dovevano essere costruite come veri e propri carri armati. La Peugeot 205 T16 e la Audi Quattro erano particolarmente efficaci grazie alle loro scocche rinforzate e alla sofisticata trazione integrale. Questo rally richiedeva resistenza più che velocità, e vincerlo era un'impresa tanto eroica quanto sopravvivere al caldo e alla polvere.

RAC Rally

L'iconico RAC Rally (oggi noto come Rally GB) era famoso per il suo clima estremamente variabile. Le tappe si svolgevano principalmente nei boschi britannici, spesso immersi nella nebbia o sotto una pioggia incessante, con superfici fangose che cambiavano di tenuta ad ogni curva. Tra le prove più note, Kielder Forest era un vero banco di prova per la stabilità delle vetture. La MG Metro 6R4, nonostante fosse meno potente di alcune concorrenti, si distingueva qui grazie alla sua agilità e alla trazione integrale permanente. La sfida non era solo contro gli avversari, ma contro le condizioni estreme, con la nebbia e il fango che rendevano ogni metro percorso una scommessa.

Ogni rally aveva il suo carattere unico, e i piloti dovevano adattarsi velocemente a condizioni che cambiavano in un batter d'occhio. Questi tracciati non sono stati solo campi di battaglia per i Gruppo B, ma hanno anche definito il rally moderno, lasciando un'eredità che ancora oggi fa battere forte il cuore degli appassionati.

# CAPITOLO 5
## L'impatto del Rally

Il passaggio delle auto del Gruppo B attraverso le varie località ha avuto un impatto significativo e duraturo, sia dal punto di vista economico che sociale e culturale. Queste vetture non erano solo macchine da corsa, ma veri e propri fenomeni che trasformavano le città e i paesi attraversati dai rally. Di seguito esplorerò gli effetti che queste gare ebbero sulle comunità locali, sui fan e sull'ambiente circostante.

Impatto Economico

Aumento del Turismo: Il Gruppo B attirava enormi folle di appassionati da tutto il mondo, e il passaggio di un rally portava un notevole incremento del turismo nelle località coinvolte. Gli alberghi, i ristoranti e le attività locali beneficiavano dell'afflusso di spettatori, giornalisti e team, creando una spinta economica significativa per le comunità, spesso situate in aree rurali o montane.

Eventi Collaterali e Commercio

Oltre al rally in sé, molti paesi organizzavano eventi collaterali come fiere, esposizioni di auto storiche e incontri con i piloti, che aumentavano ulteriormente l'attrattiva per i visitatori. Il commercio locale traeva vantaggio dalla vendita di prodotti tipici, merchandising legato al rally e servizi turistici.

Impatto Sociale e Culturale

Crescita della Cultura del Rally: In molte delle località attraversate dai rally del Gruppo B, la passione per questo sport è diventata parte integrante della cultura locale. Generazioni di abitanti crebbero con il rally come evento annuale atteso con ansia, e per molti bambini di quei luoghi, vedere passare le auto del Gruppo B alimentò sogni di diventare piloti o meccanici.

Coinvolgimento della Comunità: Il passaggio di un rally spesso coinvolgeva l'intera comunità locale. I residenti non solo assistevano alle gare, ma spesso contribuivano volontariamente all'organizzazione, preparando le strade, segnalando i percorsi, ospitando team e spettatori. In molti casi, i piloti e i team diventavano "di casa", creando legami con la popolazione locale.

Impatto Ambientale

Degrado del Territorio: Sebbene il rally portasse benefici economici e sociali, l'impatto ambientale era significativo. Le strade sterrate, spesso non progettate per sopportare il passaggio di veicoli così potenti e veloci, subivano danni considerevoli. Questo portava a erosione, formazione di solchi e polverizzazione del manto stradale, con la necessità di costosi interventi di riparazione.

Inquinamento e Rumore: Il passaggio delle auto del Gruppo B, con i loro motori sovralimentati e sistemi anti-lag che producevano esplosioni e fiamme dagli scarichi, generava livelli di rumore estremamente elevati e un inquinamento significativo. Questo impatto era particolarmente avvertito in aree naturali e parchi, dove la fauna locale veniva disturbata, e nelle comunità rurali, che dovevano fare i conti con polvere e residui lasciati dalle vetture.

Sicurezza e Pericolo

Pericoli per gli Spettatori: Le folle di spettatori, spesso numerose e difficili da controllare, si avvicinavano pericolosamente alle strade dove passavano le auto. In alcuni casi, il comportamento del pubblico metteva a rischio la propria incolumità e quella dei piloti. Il Rally del Portogallo del 1986 è un esempio tragico, dove la mancanza di barriere e la presenza massiccia di spettatori portarono a un incidente mortale.

Impatto sugli Abitanti: Il passaggio dei rally non era sempre ben accolto dagli abitanti locali, specialmente in aree residenziali o agricole dove il rumore, il traffico e i danni alle strade causavano disagi. In alcuni casi, le comunità locali fecero pressione sulle autorità per ridurre il numero di eventi o per modificarne i percorsi, evidenziando un conflitto tra il beneficio economico e il benessere dei residenti.

Eredità e Memoria Storica

Memoria del Gruppo B: Nonostante la loro pericolosità, le auto del Gruppo B lasciarono un ricordo indelebile nelle località che le videro passare. Molti di questi luoghi, oggi, organizzano eventi commemorativi, raduni di auto storiche e musei dedicati al rally, mantenendo viva la memoria di quell'epoca leggendaria. Per molti abitanti, il passaggio del Gruppo B è ancora motivo di orgoglio e nostalgia.

Monumenti e Celebrazioni: In alcune località, sono stati eretti monumenti o installati pannelli commemorativi per celebrare le gare storiche e i piloti che hanno corso in quelle strade. Questi luoghi sono diventati mete di pellegrinaggio per appassionati di rally, che visitano le curve e i tratti di strada resi famosi dalle imprese del Gruppo B.

Il passaggio delle auto del Gruppo B nelle varie località ha avuto un impatto profondo e duraturo. Dal punto di vista economico, ha portato benefici significativi, alimentando il turismo e il commercio locale. Culturalmente, ha contribuito a creare una forte identità rallystica in molte comunità, dove la passione per questo sport è diventata parte integrante della vita quotidiana.

Tuttavia, questi benefici erano accompagnati da sfide, come l'impatto ambientale, i problemi di sicurezza e i disagi per i residenti. Nonostante questi problemi, l'eredità del Gruppo B continua a vivere nelle memorie collettive, nei raduni storici e nelle celebrazioni che ancora oggi ricordano il passaggio di queste straordinarie vetture, che hanno lasciato un segno indelebile non solo nel motorsport, ma anche nelle comunità locali.

# CAPITOLO 6
## Le strategie delle case automobilistiche

Le strategie adottate dalle case automobilistiche durante l'era del Gruppo B erano un mix di innovazione tecnica, creatività ingegneristica e un pizzico di follia. Ogni casa cercava di ottenere un vantaggio competitivo spingendo al massimo i limiti della tecnologia, spesso con soluzioni che oggi sembrerebbero incredibili. Le auto del Gruppo B erano dei veri e propri "laboratori su ruote", e le strategie variavano radicalmente da un costruttore all'altro. Vediamo alcuni esempi specifici, conditi con aneddoti che riflettono lo spirito di quell'epoca irripetibile.

Audi: Il Potere della Trazione Integrale

Strategia Tecnica:Audi ha rivoluzionato il rally con la trazione integrale Quattro. Prima del Gruppo B, la trazione integrale era considerata troppo pesante e complessa per le auto da corsa. Audi, invece, capì che sui terreni accidentati del rally, il controllo e la trazione potevano fare la differenza. Con la Audi Quattro, introdotta nel 1980 e perfezionata nella versione A2 e successivamente nella S1 E2, Audi ha dominato, soprattutto su superfici come neve, fango e ghiaia, dove altre auto faticavano a trovare grip.

Aneddoto Simpatico: Durante un rally, un pilota Audi, urtando contro un sasso, perse la portiera. Invece di fermarsi, proseguì fino all'assistenza a tutta velocità, tra gli applausi del pubblico. La portiera fu rimpiazzata in pochi minuti e la gara continuò. L'episodio divenne leggendario, dimostrando quanto fosse "spartana" e robusta la Quattro.

## Lancia: Innovazione e Leggerezza

Strategia Tecnica: La Lancia aveva una filosofia diversa, puntando sulla leggerezza e l'agilità. La Lancia 037, pur essendo a trazione posteriore, sfruttava un telaio tubolare estremamente leggero e un motore sovralimentato con compressore volumetrico, per eliminare il ritardo del turbo. Quando le auto a trazione integrale divennero dominanti, Lancia rispose con la Delta S4, che combinava compressore volumetrico e turbocompressore, offrendo una spinta costante a tutti i regimi. La S4 era un capolavoro di ingegneria, con un motore da 1.8 litri in grado di erogare oltre 550 CV, e un peso inferiore ai 900 kg.

Aneddoto Simpatico: Durante il Rally di Sanremo, i meccanici della Lancia furono avvistati mentre "raffreddavano" i freni delle 037 utilizzando sacchi di ghiaccio secco. Il team scherzava dicendo che stavano "preparando un cocktail" per le auto, ma in realtà era una mossa strategica per evitare il surriscaldamento durante le discese più ripide e veloci.

## Peugeot: Compattezza e Aerodinamica

Strategia Tecnica: Peugeot, con la 205 T16, decise di puntare tutto sulla compattezza e la maneggevolezza. La 205 T16 era basata su un design a motore centrale con una configurazione a quattro ruote motrici. Peugeot lavorò molto sull'aerodinamica e sul bilanciamento dei pesi, rendendo la vettura incredibilmente agile nei tracciati stretti e tortuosi. Inoltre, il sistema di sospensioni era altamente sofisticato, permettendo alla 205 di "galleggiare" sulle superfici sconnesse. Con un motore da 1.8 litri turbo e circa 550 CV, la Peugeot diventò rapidamente una delle auto più temute.

Aneddoto Simpatico: Durante il Rally di Finlandia, il pilota Juha Kankkunen, famoso per la sua calma, raccontò che la vettura "saltava meglio di un canguro". L'auto, che volava letteralmente tra le colline finlandesi, era così stabile in aria che Kankkunen scherzava dicendo che "atterrare è più facile che partire".

Ford: La Bestia Sottovalutata

Strategia Tecnica: Ford entrò nella mischia con la RS200, una vettura progettata specificamente per il Gruppo B. Ford puntò su una distribuzione perfetta dei pesi e un telaio avanzato con scocca in kevlar, combinato con un motore turbocompresso da 1.8 litri che poteva erogare fino a 600 CV nelle versioni più spinte. La RS200 era estremamente versatile grazie a un sistema di sospensioni regolabile che poteva adattarsi a qualsiasi superficie.

Aneddoto Simpatico: Durante i test in Portogallo, i meccanici si accorsero che l'auto era così veloce e leggera da alzarsi in volo sui dossi. Invece di rallentare, i piloti iniziarono a "giocare" con i salti, cercando di vedere chi riuscisse a volare più lontano, suscitando preoccupazione nel team, che però non poté fare a meno di ridere quando un pilota suggerì di aggiungere "ali" per migliorare l'aerodinamica in aria.

MG Metro 6R4: La Trazione Integrale Senza Turbo

Strategia Tecnica:La MG Metro 6R4 era un outsider, con una filosofia completamente diversa. Invece di optare per il turbo, MG scelse un motore V6 aspirato da 3.0 litri, montato in posizione centrale. La mancanza di turbo lag permetteva una risposta immediata dell'acceleratore, un vantaggio notevole nei tratti più tecnici. La trazione integrale completava il pacchetto, offrendo grande trazione su superfici difficili.

Aneddoto Simpatico:Durante un rally, si racconta che un pilota, sentendo la Metro così rumorosa e vibrante, chiese al team se ci fosse un "trattore" nascosto sotto il cofano. La risposta dei meccanici? "No, solo potenza pura". Nonostante fosse un'auto meno sofisticata delle rivali, la Metro era temibile nei tratti più tecnici e tortuosi.

Citroën e le Sospensioni Idropneumatiche

Strategia Tecnica:Citroën, con la BX 4TC, cercò di portare nel Gruppo B la sua iconica tecnologia delle sospensioni idropneumatiche. L'idea era quella di migliorare la stabilità su superfici accidentate e ridurre il rollio nelle curve. La vettura aveva anche una configurazione a trazione integrale e un motore turbo da 2140 cc.

Aneddoto Simpatico: Nonostante la BX 4TC fosse un'auto difficile da controllare e poco competitiva, un meccanico raccontò che la sospensione idropneumatica funzionava talmente bene che l'auto sembrava "galleggiare". Tuttavia, il problema era che in volo, l'auto perdeva completamente la compostezza, tanto che qualcuno scherzò dicendo che Citroën avrebbe dovuto sviluppare sospensioni "aeropneumatiche".

Queste strategie riflettevano il carattere unico di ogni casa automobilistica e la loro visione di come affrontare le sfide del rally. Ogni scelta tecnica era un azzardo, e spesso le soluzioni più audaci si rivelavano le più efficaci. Ma oltre alla tecnica, c'era lo spirito dell'avventura, l'idea che si poteva sempre provare qualcosa di nuovo, anche a costo di fallire, ma con la consapevolezza che, se funzionava, sarebbe stato leggendario. Questi aneddoti ci ricordano che il rally Gruppo B non era solo competizione, ma anche un luogo dove innovazione e follia coesistevano per creare qualcosa di veramente straordinario

# CAPITOLO 7
## Prestazioni

Immagina di prendere un lupo affamato, un jet supersonico e un grizzly con una brutta giornata, combinarli tutti insieme e metterli su una strada di montagna. Bene, hai appena descritto le prestazioni delle auto del Gruppo B negli anni '80. Ma per darti un'idea più concreta, facciamo qualche paragone ironico con alcune auto moderne:

1. Audi Sport Quattro S1 E2 vs. Bugatti Chiron

Bugatti Chiron: 1.500 cavalli, trazione integrale, 0-100 km/h in 2,4 secondi. L'auto moderna per eccellenza, capace di far tremare l'asfalto mentre ti spara nello spazio.

Audi Sport Quattro S1 E2: 600 cavalli (ufficiali, ma probabilmente di più), 0-100 km/h in circa 3 secondi... su sterrato, fango e neve! Se la Bugatti Chiron è come un razzo controllato, la Quattro S1 E2 è un razzo che, una volta lanciato, ti chiede: "E ora, dove andiamo a schiantarci?" Se credi che domare la Chiron sia difficile, prova a fare lo stesso con l'Audi su un sentiero di montagna bagnato e scivoloso, tra alberi e burroni, e capirai cosa significava correre con il Gruppo B.

2. Lancia Delta S4 vs. Tesla Model S Plaid

Tesla Model S Plaid: L'auto elettrica più veloce al mondo, con 1.020 cavalli e un'accelerazione che sembra violare le leggi della fisica. Sì, è un fulmine.

Lancia Delta S4: 500 cavalli (ufficialmente), un sistema bi-sovralimentato (turbo + compressore) che diceva "niente turbo lag, solo adrenalina pura" e un'accelerazione che ti faceva vedere il futuro. Se la Tesla ti fa sentire come Tony Stark, la Delta S4 era come essere Tony Stark, ma in una tuta spaziale che rischiava di esplodere al primo sussulto. Pensaci: 0-100 km/h in circa 2,5 secondi… sul ghiaccio. La Plaid, per quanto impressionante, non ti fa rischiare di volare giù da un burrone al primo errore!

3. Peugeot 205 T16 vs. Ford Focus RS

Ford Focus RS: 350 cavalli, trazione integrale, modalità Drift per sembrare un eroe. Perfetta per fare i fighi al raduno del weekend.

Peugeot 205 T16: 450 cavalli, trazione integrale, e la modalità "Speriamo di sopravvivere." La 205 T16 non aveva bisogno di modalità Drift; driftava da sola, su terra battuta, a 160 km/h, con Timo Salonen che probabilmente chiedeva al navigatore di passargli un caffè mentre volava tra gli alberi. La Focus RS è divertente, la 205 T16 era pura follia ingegneristica: una macchina da guerra mascherata da utilitaria.

Ford RS200 vs. Porsche 911 Turbo (992)

Porsche 911 Turbo: 650 cavalli, tecnologia al top, una trazione che ti fa credere che non puoi sbagliare. Sicura, stabile, una belva addomesticata.

Ford RS200: 450 cavalli, trazione integrale avanzata e un'accelerazione brutale. Ma c'era una piccola differenza: la 911 Turbo ti tiene incollato alla strada, la RS200 ti faceva pregare che la strada rimanesse lì sotto di te. La RS200 era tanto sofisticata quanto impegnativa, e se sbagliavi, non c'era margine di errore. La 911 Turbo è per chi vuole essere veloce e sicuro; la RS200 era per chi voleva sentirsi vivo… ma non troppo sicuro di rimanerci.

MG Metro 6R4 vs. Volkswagen Golf R

Volkswagen Golf R: 320 cavalli, trazione integrale, comfort da auto di tutti i giorni. Il compagno perfetto per la guida sportiva senza rischi.

MG Metro 6R4: 410 cavalli, trazione integrale, comfort da... diciamo che non c'era molto comfort. La Metro 6R4 era una scatola di adrenalina con un motore V6 da Formula 1 nascosto sotto il cofano di un'utilitaria. Se la Golf R ti fa sentire bravo in pista, la Metro 6R4 ti faceva capire se avevi il fegato (e le capacità) per sopravvivere a un rally.

Le auto del Gruppo B erano mostri meccanici che facevano sembrare le supercar moderne, per quanto veloci e impressionanti, dei gattini docili. Se oggi possiamo guidare macchine potentissime con relativa sicurezza, è grazie a decenni di innovazioni nate, spesso tragicamente, proprio dalle lezioni apprese in quell'epoca. Il Gruppo B era un mix di genio ingegneristico e follia pura: le auto non solo ti mettevano alla prova come pilota, ma ti costringevano a riflettere seriamente su quanto ci tenessi alla tua vita.

# CAPITOLO 8
## I Piloti

I piloti del Gruppo B erano un gruppo unico di coraggiosi, spesso definiti "gladiatori su quattro ruote". Questi uomini sfidavano la morte ad ogni curva, pilotando auto che erano, per l'epoca, estremamente potenti e difficili da controllare. La loro abilità, coraggio e un pizzico di follia hanno creato alcune delle leggende più durature nella storia del motorsport. Ecco alcuni dei piloti che hanno segnato l'epoca del Gruppo B, e che non dovremmo mai dimenticare.

Walter Röhrl

Nazionalità:Tedesco

Auto Guidate:Lancia 037, Audi Quattro, Audi Sport Quattro S1

Perché è Indimenticabile: Röhrl è considerato uno dei più grandi piloti di rally di tutti i tempi. Famoso per la sua precisione chirurgica e il suo stile di guida calmo e calcolato, Röhrl ha vinto il Campionato del Mondo Rally due volte (1980, 1982). Nel Gruppo B, è ricordato soprattutto per le sue vittorie con la Lancia 037 nel 1983, quando sfidò con successo le auto a trazione integrale con la sua vettura a trazione posteriore. Nel 1984, passò ad Audi, dove contribuì allo sviluppo della Sport Quattro S1, un mostro da oltre 600 CV.

Henri Toivonen

Nazionalità: Finlandese

Auto Guidate: Talbot Sunbeam, Porsche 911, Lancia 037, Lancia

Delta S4

Perché è Indimenticabile: Toivonen era considerato un talento straordinario, con una combinazione di velocità naturale e coraggio che pochi potevano eguagliare. Ha vinto il RAC Rally nel 1980 a soli 24 anni, diventando il più giovane vincitore di sempre. Nel 1986, alla guida della Lancia Delta S4, Toivonen vinse il Rally di Monte Carlo, dimostrando la sua abilità su un'auto incredibilmente difficile da domare. Purtroppo, la sua carriera e la sua vita si interruppero tragicamente al Tour de Corse del 1986, dove perse la vita in un incidente devastante che segnò la fine del Gruppo B.

Ari Vatanen

Nazionalità:Finlandese

Auto Guidate: Ford Escort RS1800, Opel Ascona 400, Peugeot 205 T16

Perché è Indimenticabile: Vatanen era un pilota spettacolare, famoso per il suo stile di guida aggressivo e spettacolare. Vinse il Campionato del Mondo Rally nel 1981 con una Ford Escort, ma è durante l'era del Gruppo B che ha lasciato il segno più grande. Alla guida della Peugeot 205 T16, vinse il Rally di Finlandia e il RAC Rally nel 1984. Un grave incidente al Rally di Argentina nel 1985 quasi gli costò la vita, ma Vatanen tornò in gara, diventando un'icona per la sua determinazione e il suo spirito combattivo.

Markku Alén

Nazionalità:Finlandese

Auto Guidate:Fiat 131 Abarth, Lancia 037, Lancia Delta S4

Perché è Indimenticabile: Alén era conosciuto per la sua abilità in tutte le condizioni e per la sua resistenza. È stato un pilota chiave per la Fiat e la Lancia, contribuendo a numerose vittorie nel WRC. Nonostante non abbia mai vinto un titolo mondiale, è stato un contendente costante e ha vinto numerosi rally con la Lancia 037 e la Delta S4. Il suo approccio "Maximum Attack" era leggendario, e la sua carriera longeva lo ha reso una figura iconica del rally.

### Stig Blomqvist

Nazionalità: Svedese

Auto Guidate: Saab 99, Audi Quattro, Audi Sport Quattro S1

Perché è Indimenticabile: Blomqvist era un maestro del controllo e della velocità sulle superfici scivolose, e ha dominato i rally su neve e ghiaccio. Vinse il Campionato del Mondo Rally nel 1984 con l'Audi Quattro, grazie alla sua capacità di sfruttare al massimo la trazione integrale. Blomqvist era noto per il suo stile di guida "pulito", capace di portare l'auto al limite senza mai apparire in difficoltà.

### Michèle Mouton

Nazionalità: Francese

Auto Guidate: Audi Quattro

Perché è Indimenticabile: Mouton è stata la prima (e finora unica) donna a vincere un evento del WRC, dimostrando che il talento non conosce genere. Alla guida dell'Audi Quattro, vinse quattro rally tra il 1981 e il 1982 e sfiorò la vittoria del Campionato del Mondo nel 1982, finendo seconda. La sua determinazione, abilità e coraggio l'hanno resa un'icona non solo nel mondo del rally, ma in tutto il motorsport.

### Juha Kankkunen

Nazionalità: Finlandese

Auto Guidate: Toyota Celica TCT, Peugeot 205 T16, Lancia Delta S4

Perché è Indimenticabile: Kankkunen è stato uno dei piloti più versatili e di successo nella storia del rally. Vinse il suo primo titolo mondiale nel 1986 con la Peugeot 205 T16, mostrando una freddezza e un controllo ineguagliabili. Dopo il ritiro del Gruppo

B, continuò a dominare, vincendo altri tre titoli mondiali. La sua capacità di adattarsi a qualsiasi tipo di auto e di superficie lo ha reso una leggenda del rally.

Questi piloti hanno reso l'era del Gruppo B indimenticabile, ognuno con uno stile e un carattere unici. La combinazione di potenza estrema delle vetture e il talento e il coraggio di questi uomini ha creato un capitolo irripetibile nella storia del motorsport. Le loro imprese continuano a essere raccontate con reverenza e ammirazione dagli appassionati di tutto il mondo.

# CAPITOLO 9
## Le donne del Gruppo B

Nel mondo del Gruppo B, notoriamente dominato da uomini, alcune donne straordinarie si sono distinte per il loro talento, coraggio e determinazione, lasciando un segno indelebile nella storia del rally. Queste donne non erano solo parte di una nicchia, ma protagoniste in grado di competere ai massimi livelli in uno degli ambienti più estremi e pericolosi del motorsport. Ecco le figure femminili più importanti del Gruppo B:

Michèle Mouton

Nazionalità: Francese

Squadra: Audi Sport

Auto: Audi Quattro, Audi Sport Quattro

Michèle Mouton è senza dubbio la figura femminile più iconica del Gruppo B e una delle donne più importanti nella storia del motorsport. La sua carriera raggiunse l'apice proprio durante l'era del Gruppo B, quando diventò la prima (e finora unica) donna a vincere una gara del Campionato del Mondo Rally.

Nel 1981, Mouton vinse il Rally di Sanremo con l'Audi Quattro, dimostrando al mondo che una donna poteva competere e vincere contro i migliori piloti maschi. Nel 1982, ottenne altre tre vittorie (Portogallo, Acropoli, e Brasile) e si classificò seconda nel Campionato del Mondo Piloti, sfiorando il titolo mondiale.

La sua abilità nel controllare la potente Audi Quattro su strade difficili e spesso pericolose, combinate con la sua determinazione, le guadagnarono il rispetto e l'ammirazione di colleghi e fan. Dopo il ritiro del Gruppo B, Mouton ha continuato a contribuire al mondo del rally, co-fondando la "Race of Champions" e promuovendo la sicurezza nelle competizioni.

Fabrizia Pons

Nazionalità: Italiana

Ruolo: Navigatrice

Squadre: Fiat, Lancia, Audi, Peugeot

Piloti Associati:* Michèle Mouton, Ari Vatanen

Fabrizia Pons è una delle navigatrici più rispettate e di successo nella storia del rally. La sua collaborazione con Michèle Mouton è stata leggendaria, e insieme formarono un duo temibile durante l'era del Gruppo B. Pons e Mouton vinsero diverse gare del WRC, contribuendo al successo dell'Audi.

Oltre alla partnership con Mouton, Pons ha navigato per molti altri piloti di alto livello, tra cui Ari Vatanen e Massimo Biasion. La sua carriera è lunga e impressionante, con vittorie che spaziano dal WRC al Dakar Rally. La sua esperienza e precisione come navigatrice l'hanno resa una figura fondamentale per il successo dei suoi piloti.

Marie-Claude Beaumont

Nazionalità: Francese

Ruolo: Pilota

Squadra: Opel, Alpine

Marie-Claude Beaumont, sebbene meno conosciuta rispetto a Mouton e Pons, ha avuto una carriera di successo nel rally, soprattutto nelle competizioni europee. Durante l'era del Gruppo B, ha corso su vetture come la Opel Manta 400, dimostrando abilità e coraggio.

Beaumont era conosciuta per il suo stile di guida aggressivo e la sua capacità di competere in un ambiente dominato dagli uomini. Anche se non raggiunse il livello di fama di Mouton, il suo contributo come pioniera nel motorsport femminile è stato significativo.

Louise Aitken-Walker

Nazionalità: Scozzese

Ruolo: Pilota

Squadra: Opel, Ford

Realizzazioni:

Louise Aitken-Walker è stata una delle prime donne britanniche a competere a livello internazionale nel rally. Durante l'era del Gruppo B, ha gareggiato con vetture come la Opel Manta 400 e la Ford Escort RS. Sebbene non abbia ottenuto vittorie significative nel Gruppo B, è diventata un'ispirazione per molte altre donne che desideravano entrare nel motorsport.

Dopo il Gruppo B, Aitken-Walker ha continuato la sua carriera nel rally, culminata con la vittoria del Campionato del Mondo Femminile Piloti nel 1990. Il suo spirito combattivo e la sua perseveranza le hanno permesso di superare molte sfide in un ambiente altamente competitivo.

Le donne del Gruppo B, sebbene poche, hanno dimostrato che il talento, il coraggio e la determinazione non conoscono genere. Michèle Mouton, in particolare, è diventata una vera e propria icona, dimostrando che una donna poteva competere ai massimi livelli e vincere in uno sport dominato dagli uomini. La sua carriera e quella delle altre donne che hanno corso in quell'epoca hanno aperto la strada a generazioni future di piloti e navigatrici, lasciando un'eredità che continua a ispirare.

Le loro storie sono una testimonianza della passione e della dedizione che le hanno portate a sfidare non solo i loro avversari, ma anche i pregiudizi e le difficoltà di un'epoca in cui il motorsport era considerato quasi esclusivamente un campo maschile. Queste donne sono state, e continuano a essere, esempi di eccellenza e pionierismo nel mondo del rally e oltre.

# CAPITOLO 10
## I meccanici

Ah, i meccanici dei Gruppo B! Veri e propri eroi dietro le quinte, spesso dimenticati, ma senza i quali le auto non sarebbero mai arrivate al traguardo. Questi maghi del motore lavoravano sotto pressione costante, in condizioni estreme, e dovevano affrontare sfide tecniche che oggi farebbero impallidire anche gli ingegneri più esperti. Vediamo cosa facevano esattamente:

Interventi Lampo durante le Prove Speciali

Durante i rally, il tempo è tutto. I meccanici dovevano essere pronti a intervenire durante le brevi finestre di assistenza tra una prova speciale e l'altra, spesso avendo solo 20-30 minuti per fare magie. In quel breve lasso di tempo, dovevano:

Controllare e sostituire pneumatici, scegliendo la mescola giusta in base alle condizioni meteo.

Riparare o sostituire sospensioni danneggiate, che venivano messe a dura prova da salti e terreni accidentati.

Sistemare o sostituire freni, che si usuravano rapidamente sotto la pressione delle alte velocità e delle frenate brusche.

Verificare il funzionamento del motore e del sistema di sovralimentazione: questo includeva controllare i turbocompressori, che spesso lavoravano a temperature altissime e potevano soffrire di surriscaldamento o rotture improvvise.

Riparazioni di Emergenza

I rally del Gruppo B erano noti per la loro difficoltà, e gli incidenti erano all'ordine del giorno. I meccanici dovevano essere pronti a riparare danni causati da uscite di strada, impatti con rocce o alberi, e altre disavventure. Questo significava:

Saldare telai danneggiati, riparare parti della carrozzeria in fibra di vetro o kevlar, e sostituire componenti critici come radiatori o intercooler, spesso usando metodi improvvisati ma efficaci.

Riparare o sostituire parti meccaniche chiave: se un semiasse o un differenziale si rompeva, la squadra doveva essere in grado di sostituirlo rapidamente.

Rimettere in sesto l'elettronica: le auto del Gruppo B, con i loro sistemi di iniezione elettronica e le centraline di controllo, richiedevano anche interventi su cablaggi e sensori.

Ottimizzazione e Set-Up

Ogni rally era diverso, e così doveva essere la configurazione dell'auto. Prima e durante l'evento, i meccanici si occupavano di adattare la vettura alle condizioni specifiche:

Assetto delle sospensioni: altezza da terra, rigidità delle molle e taratura degli ammortizzatori erano regolati a seconda del tipo di terreno, che poteva variare da sterrato accidentato a asfalto liscio come vetro.

Gestione della sovralimentazione: modificare la pressione del turbo in base alle necessità di potenza e alla resistenza del motore alle condizioni ambientali (come l'altitudine o la temperatura).

Messa a punto dei freni e della trasmissione: la scelta dei rapporti del cambio e il tipo di freni influenzavano enormemente la performance, e i meccanici dovevano trovare il giusto compromesso tra durata e prestazioni.

Lavorare in Condizioni Estreme

Questi interventi non avvenivano in comode officine, ma spesso sotto la pioggia, nel fango, nella neve o nel caldo torrido. I meccanici lavoravano in condizioni estremamente difficili, a volte sotto la minaccia del tempo limite imposto dal regolamento, il che significava che ogni secondo contava.

Problem Solving in Situazioni Critiche

A volte, i meccanici dovevano affrontare problemi che non erano previsti. Le auto del Gruppo B erano prototipi sperimentali, e questo significava che alcune soluzioni tecniche potevano fallire improvvisamente. Qui entrava in gioco la loro capacità di improvvisazione:

Utilizzare pezzi di fortuna per riparazioni provvisorie che permettessero all'auto di continuare la gara.

Collaborare con il pilota e il navigatore, che spesso trasmettevano feedback durante le prove speciali. Sulla base di queste informazioni, i meccanici dovevano fare aggiustamenti anche senza avere una diagnosi completa.

Passione e Dedizione

Oltre alle competenze tecniche, i meccanici dei Gruppo B erano spinti da una passione senza pari. Sapevano che le loro mani erano responsabili delle prestazioni dell'auto e, in molti casi, della sicurezza del pilota. Erano parte di un team, ma il loro lavoro si svolgeva dietro le quinte, lontano dai riflettori, con un solo obiettivo: portare l'auto al traguardo, qualunque fosse il prezzo.

I meccanici dei Gruppo B sono stati, senza dubbio, degli autentici maestri del loro mestiere, capaci di combinare tecnica, ingegno e pura passione per mantenere in corsa quelle bestie su ruote

# CAPITOLO 11
## Innovazione

Il Gruppo B è stato un laboratorio di innovazione senza precedenti nel mondo dei rally e del motorsport in generale. Molte delle tecnologie sviluppate durante questa epoca, sebbene all'inizio estreme e sperimentali, hanno successivamente trovato applicazione nelle auto stradali e nelle competizioni di categoria superiore. Vediamo le innovazioni tecniche più significative introdotte durante l'era del Gruppo B che hanno avuto un impatto duraturo.

Trazione Integrale (AWD)

Origine nel Gruppo B: Audi ha rivoluzionato il mondo del rally con l'introduzione della trazione integrale (AWD) sulla Audi Quattro. Prima di questa innovazione, la trazione integrale era considerata inadatta per le auto da corsa a causa del peso e della complessità. Audi, tuttavia, dimostrò che il vantaggio in termini di trazione su superfici variabili (asfalto, ghiaia, neve) superava di gran lunga gli svantaggi.

Applicazione Tecnica: La trazione integrale utilizzava un sistema di differenziali che ripartiva la coppia motrice tra l'asse anteriore e quello posteriore, permettendo una distribuzione variabile che migliorava l'aderenza. L'Audi Quattro impiegava un differenziale centrale autobloccante, con la possibilità di bloccare manualmente i differenziali anteriore e posteriore, adattando così la trazione alle diverse superfici incontrate nelle prove speciali.

Impatto su Auto Stradali: Dopo il successo dell'Audi Quattro, la trazione integrale è diventata una tecnologia chiave nelle vetture ad alte prestazioni, come la *Lancia Delta Integrale, la Subaru

Impreza WRX e la Mitsubishi Lancer Evolution. Oggi, la trazione integrale è comune su molti veicoli, dai SUV alle supercar, migliorando la sicurezza e le prestazioni in condizioni avverse.

Sovralimentazione con Turbo e Sistemi Ibridi di Sovralimentazione

Origine nel Gruppo B: Le auto del Gruppo B hanno sperimentato forme di sovralimentazione sempre più avanzate. La Lancia Delta S4 è stata una pioniera con il suo sistema ibrido di sovralimentazione, che combinava un compressore volumetrico e un turbocompressore (sistema noto come "Twincharging"). Questa configurazione eliminava il turbo lag, fornendo una spinta costante e progressiva a tutti i regimi di giri.

Applicazione Tecnica: Il compressore volumetrico (supercharger) agiva ai bassi regimi, mentre il turbocompressore prendeva il sopravvento agli alti regimi, combinando il meglio dei due mondi. Questo sistema richiedeva un attento controllo della pressione di sovralimentazione e del passaggio tra i due dispositivi, gestito da valvole di bypass e regolazioni della mappa motore.

Impatto su Auto Stradali: Il concetto di sovralimentazione ibrida ha influenzato il design di motori moderni che combinano diverse forme di sovralimentazione per migliorare l'efficienza e le prestazioni. Un esempio di applicazione è il motore Volkswagen 1.4 TSI Twincharger, che utilizza una configurazione simile con un compressore volumetrico e un turbocompressore. Anche se meno comune, il principio di ridurre il turbo lag è stato raffinato con tecnologie moderne come il turbo a geometria variabile e i sistemi di sovralimentazione elettrica.

Materiali Leggeri e Compositi

Origine nel Gruppo B: L'uso estensivo di materiali leggeri come l'alluminio, il kevlar e la fibra di vetro è stato spinto al limite durante l'era del Gruppo B per ridurre il peso delle auto e migliorare le prestazioni. Auto come la Peugeot 205 T16 e la

Lancia Delta S4 sfruttavano scocche in composito per raggiungere pesi inferiori ai 900 kg, pur gestendo potenze superiori ai 500 CV.

Applicazione Tecnica: Il kevlar e la fibra di vetro erano utilizzati per la carrozzeria, i pannelli e altre parti strutturali. Questi materiali offrivano un'elevata resistenza agli impatti e una significativa riduzione del peso rispetto all'acciaio tradizionale. Peugeot, ad esempio, sviluppò un telaio tubolare in acciaio abbinato a pannelli in kevlar per la 205 T16, riducendo il peso senza sacrificare la rigidità torsionale.

Impatto su Auto Stradali: L'uso di materiali compositi si è diffuso nelle auto di serie, inizialmente nelle vetture sportive di fascia alta come la Ferrari F40 e la Porsche 959, e successivamente in modelli più accessibili. Oggi, il carbonio e i compositi sono standard nelle supercar e nelle auto da corsa, e vengono usati anche nelle vetture stradali per migliorare la sicurezza e ridurre i consumi.

Aerodinamica Avanzata

Origine nel Gruppo B: Le auto del Gruppo B esplorarono nuovi territori in termini di aerodinamica, con l'obiettivo di migliorare la deportanza e la stabilità a velocità elevate. Auto come l'Audi Sport Quattro S1 E2 erano dotate di appendici aerodinamiche estreme, tra cui grandi alettoni anteriori e posteriori, diffusori e canard.

Applicazione Tecnica: L'uso di alettoni, spoiler e diffusori mirava a generare carico aerodinamico, aumentando l'aderenza in curva e migliorando la trazione. L'aerodinamica attiva era già in fase di sperimentazione, con alcune auto che utilizzavano parti mobili per adattare il carico aerodinamico in base alla velocità e alle condizioni della strada.

Impatto su Auto Stradali: Le lezioni apprese in aerodinamica durante l'era del Gruppo B hanno influenzato lo sviluppo delle supercar moderne e delle auto da corsa. Le tecnologie aerodinamiche sono ora utilizzate in molte vetture stradali ad alte prestazioni, come la Porsche 911 GT3 e la McLaren 720S, con soluzioni come l'aerodinamica attiva e i diffusori integrati nel design della vettura.

## Sospensioni Regolabili e Raffinate

Origine nel Gruppo B: Le auto del Gruppo B utilizzavano sistemi di sospensioni avanzati e regolabili, capaci di adattarsi rapidamente alle variazioni del terreno. Le sospensioni erano spesso indipendenti e permettevano di regolare l'altezza da terra, la rigidità e il comportamento in compressione e ritorno.

Applicazione Tecnica: Il concetto di sospensione regolabile è stato raffinato con l'introduzione di ammortizzatori a doppio effetto, barre antirollio regolabili e sistemi di controllo elettronico. Peugeot, ad esempio, dotò la 205 T16 di sospensioni con bracci indipendenti e molle regolabili, ottimizzate per affrontare i terreni più accidentati.

Impatto su Auto Stradali: Le sospensioni regolabili si sono evolute in sofisticati sistemi elettronici come il magnetorheological damping (usato su auto come la Ferrari 458 Italia) e le sospensioni attive, che regolano in tempo reale la rigidità in base alle condizioni della strada e dello stile di guida. Oggi, questi sistemi sono comuni non solo nelle supercar, ma anche nei SUV di lusso e in alcune berline sportive.

## Gestione Elettronica e Centraline Avanzate (ECU)

Origine nel Gruppo B: L'era del Gruppo B vide i primi passi significativi nella gestione elettronica avanzata dei motori, grazie a centraline elettroniche (ECU) che regolavano la miscela aria-carburante, la pressione del turbo e altri parametri chiave per ottimizzare le prestazioni. La Lancia Delta S4 utilizzava una ECU che gestiva sia il compressore volumetrico che il turbocompressore, oltre a monitorare la combustione in tempo reale.

Applicazione Tecnica:Queste ECU permettevano una mappatura

personalizzata del motore per massimizzare le prestazioni in base alle condizioni di gara. L'elettronica avanzata consentiva anche il controllo della trazione, la gestione del turbo e l'ottimizzazione dei consumi.

Impatto su Auto Stradali: L'evoluzione delle centraline ECU ha rivoluzionato l'industria automobilistica, portando all'introduzione di sistemi di controllo motore avanzati in quasi tutte le auto moderne. Oggi, le centraline gestiscono una vasta gamma di funzioni, dall'iniezione diretta alla regolazione della pressione del turbo, fino al controllo della trazione e della stabilità, migliorando prestazioni, efficienza e sicurezza.

Le innovazioni tecniche sperimentate durante l'era del Gruppo B hanno avuto un impatto profondo sull'evoluzione delle auto stradali e da corsa. Le sfide affrontate dai progettisti e ingegneri per domare la potenza e la velocità di queste auto hanno spinto avanti il progresso tecnologico, portando soluzioni che oggi consideriamo comuni, ma che all'epoca erano all'avanguardia. Le eredità del Gruppo B si riflettono ancora nelle tecnologie avanzate delle auto moderne, rendendo quell'epoca non solo memorabile per la sua spettacolarità, ma anche fondamentale per l'innovazione automobilistica.

# CAPITOLO 12
## I Materiali

I motori delle auto del Gruppo B rappresentarono il culmine dell'innovazione meccanica negli anni '80, spingendo i limiti della tecnologia motoristica a un livello mai visto prima. Per ottenere le straordinarie prestazioni richieste dalle competizioni, i costruttori sperimentarono una serie di materiali e soluzioni tecniche innovative. Di seguito, esplorerò in dettaglio i materiali innovativi e le tecnologie utilizzate nei motori del Gruppo B, con un focus specifico sulla meccanica e sull'ingegneria.

Blocchi Motore e Testate in Lega Leggera

Materiali Utilizzati: Per ridurre il peso e migliorare la dissipazione del calore, molti costruttori del Gruppo B adottarono leghe di alluminio e magnesio per i blocchi motore e le testate. L'alluminio era particolarmente apprezzato per la sua leggerezza e la capacità di essere modellato con precisione, consentendo una migliore gestione della geometria dei condotti e delle camere di combustione.

Esempio Specifico:

Audi Sport Quattro S1 E2: L'Audi utilizzava un blocco motore in lega d'alluminio con testate in alluminio. Questo riduceva il peso del motore rispetto ai tradizionali blocchi in ghisa, migliorando le prestazioni senza compromettere la resistenza strutturale. Inoltre, il motore era dotato di un collettore di aspirazione e di un carter in magnesio, un materiale ancora più leggero, utilizzato per abbassare il baricentro della vettura.

Vantaggi Meccanici: La riduzione del peso del motore non solo migliorava il rapporto peso/potenza, ma riduceva anche le forze inerziali interne, permettendo regimi di rotazione più elevati e una risposta del motore più rapida. Inoltre, le leghe leggere miglioravano la capacità del motore di dissipare il calore generato dalla sovralimentazione.

Componenti in Titanio

Materiali Utilizzati: Il titanio fu utilizzato per componenti critici che richiedevano un elevato rapporto resistenza/peso, come valvole, bielle e bulloneria. Questo metallo, estremamente resistente ma leggero, era ideale per applicazioni ad alta sollecitazione meccanica.

Esempio Specifico:

Peugeot 205 T16: Peugeot utilizzava valvole in titanio, sia per l'aspirazione che per lo scarico, nel motore della 205 T16. Questo riduceva significativamente il peso delle masse mobili, permettendo regimi di rotazione più elevati e una maggiore affidabilità sotto carico. Inoltre, l'utilizzo di bielle in titanio permetteva di ridurre il peso alternativo del motore, migliorando la risposta e riducendo le sollecitazioni sui cuscinetti di banco.

Vantaggi Meccanici: I componenti in titanio offrivano una resistenza superiore alla deformazione e all'usura, fondamentali in un contesto di motori sovralimentati che operavano a pressioni e temperature estreme. La riduzione delle masse mobili permetteva al motore di accelerare e decelerare più rapidamente, migliorando la risposta e l'efficienza complessiva.

Camere di Combustione Rivestite in Ceramica

Materiali Utilizzati: Alcuni motori del Gruppo B sperimentarono l'uso di rivestimenti ceramici nelle camere di combustione e sui pistoni. Questi rivestimenti ceramici, applicati tramite tecniche di plasma spraying, erano progettati per migliorare la resistenza termica e ridurre l'attrito.

Esempio Specifico:

Lancia Delta S4: La Delta S4 utilizzava pistoni rivestiti in ceramica per migliorare la resistenza termica e ridurre la dissipazione del calore dalla camera di combustione, aumentando l'efficienza termodinamica del motore. La ceramica permetteva di mantenere temperature più elevate all'interno della camera di combustione, favorendo una migliore combustione del carburante.

Vantaggi Meccanici: Il rivestimento ceramico permetteva di aumentare il rapporto di compressione e la pressione di sovralimentazione senza rischiare il danneggiamento dei pistoni o delle pareti del cilindro. Questo migliorava l'efficienza del motore e permetteva di estrarre più potenza da ogni ciclo di combustione.

Alberi a Camme e Bilancieri in Materiali Avanzati

Materiali Utilizzati: Gli alberi a camme e i bilancieri erano spesso realizzati in leghe di acciaio ad alta resistenza o in materiali compositi, per ridurre l'inerzia e migliorare la resistenza all'usura. Alcuni team sperimentarono anche alberi a camme cavi e bilancieri rivestiti in DLC (Diamond-Like Carbon) per ridurre l'attrito.

Esempio Specifico:

Ford RS200: La Ford RS200 utilizzava alberi a camme realizzati in acciaio ad alta resistenza, con un trattamento superficiale per ridurre l'attrito e migliorare la durata. I bilancieri erano progettati per essere estremamente leggeri, riducendo l'inerzia del sistema di distribuzione e permettendo al motore di raggiungere regimi di rotazione più elevati.

Vantaggi Meccanici: Alberi a camme e bilancieri più leggeri e resistenti permettevano una distribuzione più precisa e veloce, migliorando la potenza e la risposta del motore. Inoltre, il rivestimento in DLC riduceva l'usura, aumentando la durata delle componenti in condizioni di funzionamento estreme.

### Collettori e Turbocompressori in Inconel

Materiali Utilizzati: L'Inconel, una lega di nichel-cromo, fu ampiamente utilizzato nei collettori di scarico e nei turbocompressori delle auto del Gruppo B. Questo materiale era ideale per resistere alle alte temperature e alle pressioni elevate generate dai motori sovralimentati.

Esempio Specifico:

Audi Sport Quattro S1 E2: Audi utilizzava collettori di scarico e componenti del turbocompressore in Inconel per resistere alle temperature estreme che superavano i 1.000°C sotto carico. Questo permetteva di mantenere l'efficienza del sistema di sovralimentazione, riducendo il rischio di cedimenti strutturali e migliorando la durata dei componenti.

Vantaggi Meccanici: L'uso dell'Inconel nei componenti del turbocompressore e del sistema di scarico permetteva di mantenere temperature operative più elevate, migliorando la risposta del turbo e riducendo il turbo lag. Inoltre, la resistenza al calore di questo materiale prolungava la vita dei componenti, riducendo la necessità di manutenzione frequente.

### Componenti Interni Rivestiti con PVD (Physical Vapor Deposition)

Materiali e Tecnologie Utilizzate: Il PVD era utilizzato per applicare sottili rivestimenti metallici, ceramici o compositi su componenti come pistoni, cilindri e alberi. Questo processo migliorava la resistenza all'usura e riduceva l'attrito interno, particolarmente importante nei motori ad alte prestazioni del Gruppo B.

Esempio Specifico:

Peugeot 205 T16: Peugeot utilizzava il rivestimento PVD sui cilindri e sui segmenti dei pistoni per ridurre l'attrito e migliorare la tenuta della compressione. Questo contribuiva a massimizzare l'efficienza del motore e a gestire meglio le alte pressioni di sovralimentazione.

Vantaggi Meccanici: Il rivestimento PVD permetteva di aumentare l'efficienza del motore riducendo le perdite per attrito, migliorando la durata delle componenti e ottimizzando la combustione. Questo si traduceva in una maggiore potenza disponibile e in una maggiore affidabilità, anche sotto le sollecitazioni estreme tipiche del Gruppo B.

I motori delle auto del Gruppo B rappresentavano un vertice tecnologico per l'epoca, grazie all'utilizzo di materiali avanzati e a soluzioni ingegneristiche innovative. Leghe leggere, titanio, rivestimenti ceramici, compositi e leghe di nichel come l'Inconel, furono tutti impiegati per spingere al massimo le prestazioni e l'affidabilità di questi motori estremi. Sebbene molti di questi materiali fossero costosi e difficili da lavorare, il loro impiego consentì ai costruttori di sviluppare motori incredibilmente potenti e sofisticati, capaci di affrontare le sfide uniche delle gare di rally del Gruppo B.

# CAPITOLO 13
## Gli Pneumatici

Le gomme sono sempre state un elemento cruciale nel motorsport, ma nell'era del Gruppo B, la loro importanza era ancora più accentuata. Con auto che sviluppavano oltre 500 cavalli su terreni estremamente variabili, la scelta delle gomme poteva fare la differenza tra la vittoria e il ritiro. Le mescole, i disegni del battistrada e le marche di pneumatici giocavano un ruolo fondamentale, e i team lavoravano in stretta collaborazione con i fornitori per ottenere il massimo dalle loro vetture.

L'importanza Strategica delle Gomme

Adattabilità: I rally del Gruppo B si svolgevano in condizioni climatiche e su terreni estremamente diversi, passando da neve e ghiaccio del Rally di Monte Carlo o di Svezia, al fango del RAC Rally, fino all'asfalto bollente della Corsica. Le gomme dovevano adattarsi a questi cambiamenti, spesso nel corso della stessa gara.

Grip e Prestazioni: Con potenze e velocità così elevate, le gomme dovevano offrire grip eccezionale per gestire la trazione e la frenata. Questo era particolarmente critico su superfici a bassa aderenza come ghiaia, fango e neve.

Durabilità: Nei rally del Gruppo B, la durabilità delle gomme era un compromesso difficile. Le mescole più morbide offrivano il massimo grip, ma si consumavano rapidamente, mentre le mescole più dure resistevano meglio, ma con un'aderenza inferiore. I team dovevano trovare l'equilibrio perfetto in base al tipo di terreno e alla lunghezza delle prove speciali.

Le Marche di Pneumatici Coinvolte

Diverse marche di pneumatici hanno partecipato all'era del Gruppo B, ciascuna sviluppando mescole e tecnologie specifiche per soddisfare le esigenze delle case automobilistiche. Tra le più importanti:

Michelin: Una delle protagoniste assolute dell'epoca. Michelin forniva pneumatici ad Audi, Peugeot e Lancia. Le loro gomme radiali erano particolarmente apprezzate per la loro aderenza su superfici miste e ghiaia. Michelin ha sviluppato una vasta gamma di mescole e battistrada, come il Michelin TRX per l'asfalto e il Michelin TB15 per ghiaia e fango. Furono pionieri nell'uso di tecnologie avanzate, come la struttura radiale in Kevlar, che offriva maggiore resistenza e leggerezza.

Pirelli: Partner di Lancia per molti anni, Pirelli forniva pneumatici altamente specializzati per la Lancia 037 e Delta S4. Il Pirelli P7 Corsa era una delle gomme più famose, con mescole progettate specificamente per l'asfalto. Pirelli sviluppava anche gomme per sterrato e neve, e i loro pneumatici erano noti per la capacità di offrire un ottimo equilibrio tra grip e durata.

Dunlop: Utilizzato principalmente da Ford e MG, Dunlop offriva pneumatici che erano particolarmente adatti alle condizioni fangose e alle superfici sterrate. Le gomme Dunlop erano apprezzate per la loro robustezza e capacità di mantenere prestazioni costanti anche nelle condizioni più difficili.

Yokohama: Pur non essendo così diffusi come Michelin o Pirelli, gli pneumatici Yokohama furono utilizzati in alcune competizioni, soprattutto su asfalto e in eventi minori. Erano noti per le loro mescole morbide che offrivano eccellente aderenza su superfici asciutte.

Le Mescole e i Battistrada

Mescole Soft (Soffici): Utilizzate principalmente su superfici lisce come asfalto asciutto o umido, le mescole soft offrivano un grip eccezionale ma si consumavano molto rapidamente. Erano critiche su tappe brevi dove la massima aderenza poteva fare la differenza. Michelin e Pirelli avevano mescole soft speciali per rally come il Tour de Corse o il Sanremo.

Mescole Medium (Medie): Queste mescole erano un compromesso tra grip e durata. Venivano utilizzate su superfici miste o in condizioni climatiche variabili, come in Portogallo o Finlandia. La mescola medium era particolarmente apprezzata perché offriva una buona combinazione di prestazioni su superfici diverse.

Mescole Hard (Dure): Utilizzate su sterrato abrasivo o asfalto molto caldo, queste gomme erano pensate per durare a lungo, anche se sacrificavano parte del grip. Erano comuni in rally con superfici rocciose, come l'Acropoli, dove la durabilità era fondamentale.

Battistrada Chiodato: Utilizzati principalmente nei rally invernali come il Monte Carlo e la Svezia, questi pneumatici avevano piccoli chiodi metallici che penetravano nel ghiaccio e nella neve per garantire aderenza. Le gomme chiodate richiedevano una mescola specifica, più dura, per evitare che i chiodi si staccassero.

Aneddoti e Strategie Legate alle Gomme

Rally di Monte Carlo: Durante il Rally di Monte Carlo, la scelta delle gomme era un autentico "toto-gomme". Le condizioni meteorologiche variabili significavano che i team spesso sbagliavano completamente la scelta. In un aneddoto famoso, Walter Röhrl, alla guida di una Lancia 037, insistette per utilizzare gomme chiodate su una sezione asciutta del Col de Turini. Il team pensava fosse una follia, ma quando più avanti trovò neve inattesa, Röhrl vinse la tappa con un vantaggio enorme.

Rally di Sanremo 1985:La Lancia, in collaborazione con Pirelli, sperimentò una mescola "super soft" per la 037 su asfalto umido. La mescola, creata per garantire un grip fenomenale su superfici bagnate, funzionò così bene che i piloti riuscivano a fare tempi migliori delle vetture a trazione integrale. Tuttavia, la durata era minima, e dopo poche prove le gomme erano già alla fine.

Peugeot e il Michelin "Anti-Foratura": Peugeot e Michelin svilupparono una gomma speciale per affrontare le superfici rocciose dell'Acropoli. Questa gomma aveva una struttura rinforzata con un sistema che riduceva il rischio di forature. Questo fu un vantaggio significativo, poiché le forature erano comuni in Grecia. Grazie a questo pneumatico, Peugeot riuscì a mantenere un ritmo elevato senza rischiare danni.

Conclusione

Le gomme nel Gruppo B non erano solo "scarpe" per le auto, ma una parte vitale della strategia di gara. La capacità di scegliere la mescola giusta, il battistrada ideale e di adattarsi rapidamente alle condizioni variabili era un'arte. Le grandi marche come Michelin, Pirelli e Dunlop erano veri partner delle squadre, contribuendo in modo determinante ai successi o insuccessi dei team. Nell'era del Gruppo B, il rapporto tra pneumatico e vettura era simbiotico, e ogni vittoria era, almeno in parte, merito delle gomme giuste.

# CAPITOLO 14
## Condizioni meteo

Le condizioni meteorologiche erano un elemento cruciale e spesso imprevedibile nei rally del Gruppo B, e ogni località aveva le sue particolarità che mettevano a dura prova i piloti, i team e le stesse vetture. Il clima, unito ai terreni difficili, faceva sì che ogni rally fosse un'avventura unica. Ecco una panoramica delle condizioni meteo più memorabili e delle sfide climatiche specifiche che caratterizzavano i principali rally dell'epoca.

1. Rally di Monte Carlo

- Condizioni Metereologiche: Il Monte Carlo è noto per le sue condizioni meteo estremamente variabili. In una singola tappa, i piloti potevano affrontare neve, ghiaccio, asfalto asciutto e tratti bagnati. Il passaggio tra condizioni diverse rendeva difficile scegliere i pneumatici e obbligava a compromessi.

- Fattori Inaspettati: La proverbiale "roulette del Monte", dove i cambiamenti climatici improvvisi nelle Alpi Marittime rendevano imprevedibile ogni curva. Una strada completamente asciutta poteva diventare ghiacciata in pochi minuti, rendendo la guida incredibilmente pericolosa.

2. Rally di Finlandia (1000 Laghi)

- Condizioni Metereologiche: sebbene in estate il clima fosse generalmente stabile, la Finlandia era famosa per le piogge improvvise che rendevano le strade sterrate estremamente scivolose. Inoltre, il fondo di ghiaia compatta poteva diventare insidioso, soprattutto nelle foreste dove la luce del sole penetrava a fatica.

- Fattori Inaspettati: i "crests" finlandesi – quelle colline che creavano salti inaspettati – erano ancora più pericolosi quando bagnati. I piloti dovevano fidarsi ciecamente delle note del navigatore, soprattutto quando il tempo cambiava improvvisamente, alterando la presa e la visibilità.

3. Rally di Sanremo

- Condizioni Metereologiche: il Rally di Sanremo era celebre per il suo mix di asfalto e sterrato, ma anche per le condizioni meteo imprevedibili della Riviera Ligure e dell'entroterra. Si poteva passare da un sole splendente a un temporale in pochi minuti, con conseguente variazione della tenuta delle strade.

- Fattori Inaspettati: la nebbia sulle strade montane era un avversario temibile, riducendo drasticamente la visibilità. Inoltre, i repentini cambiamenti tra asfalto asciutto e bagnato causavano problemi di aderenza, soprattutto nelle prove speciali miste, dove un tratto sterrato poteva trasformarsi in fango insidioso.

4. Rally del Portogallo

- Condizioni Metereologiche: in Portogallo, la polvere era il nemico principale, specialmente in condizioni di siccità. Tuttavia, piogge improvvise potevano trasformare queste strade polverose in fango appiccicoso in un istante. Le temperature elevate rendevano difficile mantenere il motore e i freni a temperature ottimali.

- Fattori Inaspettati: l'effetto della polvere su visibilità e grip era notevole, ma anche la sua improvvisa scomparsa, causata da piogge torrenziali, poteva cogliere di sorpresa piloti e team. Le strade, inizialmente asciutte, potevano diventare piste di pattinaggio nel giro di pochi chilometri.

## 5. Rally dell'Acropoli

- Condizioni Metereologiche: l'Acropoli era un rally infernale, con temperature che spesso superavano i 40°C. Il calore intenso, unito alla polvere e alle rocce taglienti, metteva a dura prova le vetture. Gli improvvisi temporali estivi, sebbene rari, trasformavano le strade in torrenti fangosi.

- Fattori Inaspettati: il caldo estremo non era solo un problema per i motori, ma anche per i piloti, che dovevano affrontare la disidratazione e la perdita di concentrazione. I temporali improvvisi, invece, creavano fiumi di fango e detriti sulle strade, aumentando il rischio di incidenti.

## 6. RAC Rally (Regno Unito)

- Condizioni Metereologiche: il RAC Rally era famigerato per il suo clima autunnale, caratterizzato da nebbia fitta, piogge costanti e terreni fangosi. Le prove speciali nelle foreste britanniche, spesso avvolte nella nebbia, erano un vero incubo per la visibilità.

- Fattori Inaspettati: il fango era il nemico numero uno, in grado di bloccare le vetture o renderle ingovernabili. La nebbia, spesso così densa da sembrare un muro bianco, costringeva i piloti a guidare quasi alla cieca, affidandosi completamente al navigatore. Anche la neve, inaspettata, poteva fare la sua comparsa nelle tappe finali.

## 7. Rally di Svezia

- Condizioni Metereologiche: il Rally di Svezia era l'unico evento del calendario completamente su neve e ghiaccio. Le basse temperature e i banchi di neve rendevano questo rally unico, con auto che viaggiavano a velocità impressionanti su strade ghiacciate.

- Fattori Inaspettati: le condizioni del ghiaccio cambiavano costantemente a causa delle temperature e del passaggio delle vetture, creando solchi profondi e rendendo difficile mantenere la traiettoria. Il rischio di uscire di strada e rimanere bloccati nella neve era sempre presente.

8. Rally della Corsica

- Condizioni Metereologiche: conosciuto come il "Rally delle 10.000 curve", la Corsica offriva asfalto caldo e secco, ma anche la minaccia di improvvisi temporali mediterranei. Le strette strade di montagna, senza margine di errore, diventavano letali con la pioggia.

- Fattori Inaspettati: le temperature potevano salire rapidamente, causando problemi di surriscaldamento ai motori e ai freni. Tuttavia, il vero pericolo erano le improvvise piogge che trasformavano l'asfalto in un campo minato di pozzanghere e aquaplaning.

Le condizioni meteorologiche variabili e spesso imprevedibili erano parte integrante del fascino e della sfida dei rally del Gruppo B. Ogni evento poteva trasformarsi in un'epopea eroica o in un incubo tecnico, a seconda di come il team riusciva a gestire l'inatteso. Questi cambiamenti climatici imprevedibili non solo testavano la resistenza delle macchine, ma anche la prontezza e la capacità di adattamento di piloti e meccanici, rendendo ogni rally una storia a sé.

# CAPITOLO 15
## Pilota e Navigatore

Nel mondo dei rally, il rapporto tra pilota e navigatore è sempre stato fondamentale, ma nell'era del Gruppo B, questo legame diventò ancora più cruciale a causa delle sfide uniche e delle estreme difficoltà che caratterizzavano queste gare. Le auto del Gruppo B erano potenti, difficili da controllare e gareggiavano su tracciati pericolosi a velocità impressionanti. In questo contesto, la sinergia tra pilota e navigatore era essenziale non solo per vincere, ma anche per sopravvivere.

L'Importanza del Navigatore

Guida e Informazioni Essenziali: Il navigatore è responsabile di fornire al pilota informazioni precise e tempestive sulle curve, gli ostacoli e le condizioni del percorso, attraverso il sistema delle note. Nel Gruppo B, dove le velocità erano elevate e i tempi di reazione limitati, le informazioni del navigatore dovevano essere perfette. Un errore nella lettura delle note o un'informazione tardiva poteva facilmente portare a un incidente, vista l'estrema reattività e la potenza delle auto.

Gestione del Rischio: Oltre a dare indicazioni, il navigatore aiutava il pilota a gestire il rischio, valutando la necessità di spingere al massimo o di adottare un approccio più conservativo in base alle condizioni del tracciato e della gara. Nei rally del Gruppo B, dove le condizioni cambiavano rapidamente, la capacità del navigatore di adattarsi era essenziale per evitare errori fatali.

Sinergia e Fiducia Totale

Complicità e Sincronizzazione: Il rapporto tra pilota e navigatore si basava su una complicità assoluta. Il pilota doveva fidarsi ciecamente del navigatore, reagendo immediatamente alle sue indicazioni senza esitazione. Questo richiedeva una sincronizzazione perfetta tra i due, sviluppata attraverso ore di allenamento, test e gare insieme.

Gestione dello Stress: Le gare del Gruppo B erano estremamente stressanti, con auto che acceleravano da 0 a 100 km/h in meno di 4 secondi su superfici sterrate e innevate. La gestione dello stress e delle emozioni era fondamentale, e la presenza del navigatore era un supporto psicologico critico per il pilota. Molti navigators fungevano da calmanti, rassicurando i piloti nei momenti più difficili e mantenendo la concentrazione sulla gara.

Adattamento alle Condizioni Estreme

Cambiamenti Improvvisi: Nei rally del Gruppo B, il terreno e le condizioni atmosferiche potevano cambiare rapidamente. Il navigatore doveva adattarsi immediatamente, aggiornando le note o fornendo informazioni aggiuntive in base alle condizioni effettive del percorso. Il pilota, da parte sua, doveva essere pronto ad adattare il proprio stile di guida alle nuove informazioni, spesso senza il tempo di verificare personalmente la strada.

Risposta agli Imprevisti: In un'era in cui la tecnologia di comunicazione era limitata, il navigatore doveva anche fungere da "problem solver", aiutando a risolvere situazioni impreviste, come danni meccanici o problemi di percorso. Un esempio emblematico è l'incidente di Juha Kankkunen al Rally Safari, dove il navigatore dovette aiutarlo a riparare l'auto con mezzi di fortuna nel bel mezzo del nulla.

Aneddoti e Esempi di Rapporti Leggendari

Henri Toivonen e Sergio Cresto: Il duo Toivonen-Cresto è diventato tristemente famoso dopo il tragico incidente al Tour de Corse del 1986. Prima di quel dramma, però, erano considerati uno dei team più affiatati e talentuosi del Gruppo B. Cresto, americano, e Toivonen, finlandese, avevano sviluppato una profonda intesa, nonostante le differenze culturali e linguistiche. La loro capacità di comunicare in condizioni estreme e di interpretare rapidamente le note fu essenziale nelle vittorie ottenute con la Lancia Delta S4.

Walter Röhrl e Christian Geistdörfer: La coppia Röhrl-Geistdörfer, già vincitrice del Campionato del Mondo, ha rappresentato l'epitome della professionalità. Geistdörfer era noto per la sua precisione e calma, elementi fondamentali per consentire a Röhrl di concentrarsi sulla guida millimetrica per cui era famoso. Nel Gruppo B, con Audi e poi con Lancia, questa partnership dimostrò che un team perfettamente sincronizzato poteva fare la differenza tra una vittoria e un incidente.

La Responsabilità Condivisa

Decisioni Critiche: In molte situazioni, soprattutto nel Gruppo B, dove le auto potevano essere letali, la responsabilità della gara era condivisa tra pilota e navigatore. In caso di errori nelle note o di scelte sbagliate sulla strategia, entrambi erano consapevoli delle conseguenze. Questa responsabilità condivisa creava un legame profondo e spesso indissolubile tra i due.

Compensazione Reciproca: Quando il pilota affrontava un momento difficile o perdeva fiducia, il navigatore poteva compensare con maggiore attenzione e motivazione, e viceversa. Questo equilibrio dinamico era spesso ciò che permetteva di superare momenti critici nelle gare, mantenendo il ritmo e minimizzando gli errori.

Il rapporto tra pilota e navigatore nelle auto del Gruppo B era qualcosa di più di una semplice collaborazione professionale: era una connessione simbiotica basata su fiducia, complicità e una comprensione profonda delle capacità e dei limiti dell'altro. In un'epoca in cui la velocità e il pericolo erano sempre presenti, questa relazione diventava la chiave per il successo e, spesso, per la sopravvivenza.

Il Gruppo B ha prodotto alcuni dei team pilota-navigatore più leggendari nella storia del motorsport, dimostrando che, dietro ogni grande vittoria e ogni curva superata a velocità impossibili, c'era un legame unico e indissolubile tra due persone che affrontavano insieme una delle sfide più dure e affascinanti del motorsport.

# CAPITOLO 16
## Tecniche di guida

Guidare un'auto del Gruppo B richiedeva una combinazione unica di abilità, coraggio e, a volte, pura follia. Le tecniche di guida utilizzate dai piloti per domare queste bestie meccaniche erano diverse da quelle impiegate nelle auto da corsa moderne. Vediamo alcune delle tecniche di guida particolari necessarie per portare al limite le auto del Gruppo B.

Scandinavian Flick (Pendolo)

Descrizione: Lo Scandinavian Flick è una manovra utilizzata per far scivolare l'auto in curva, utile su superfici a bassa aderenza come ghiaia, neve e fango. Il pilota sterza brevemente nella direzione opposta alla curva per caricare il peso sull'esterno del veicolo, quindi sterza bruscamente nella direzione della curva, facendo scivolare la parte posteriore dell'auto. Questa tecnica consente di entrare in curva con un angolo di derapata controllato.

Perché Era Cruciale: Le auto del Gruppo B, come l'Audi Quattro o la Lancia 037, spesso richiedevano questa tecnica per affrontare curve strette su superfici scivolose. Il peso aggiunto dei turbocompressori e delle trazioni integrali rendeva difficile girare le auto senza questa tecnica, che permetteva di mantenere alta la velocità in curva.

Throttle Control (Gestione dell'Acceleratore)

Descrizione: La gestione dell'acceleratore era essenziale per modulare l'erogazione di potenza, specialmente in auto con turbo lag pronunciato come la Ford RS200 o la Peugeot 205 T16. I piloti dovevano essere in grado di anticipare l'erogazione della potenza e di dosare l'acceleratore con estrema precisione per mantenere la trazione e controllare la derapata.

Perché Era Cruciale: Con la potenza che arrivava in modo esplosivo a causa del turbo lag, un uso aggressivo dell'acceleratore poteva facilmente portare a perdite di controllo o a un sovrasterzo incontrollabile. I piloti dovevano imparare a bilanciare l'auto con piccoli aggiustamenti, spesso utilizzando il piede destro in modo delicato come se stessero camminando su gusci d'uovo.

Left-Foot Braking (Frenata con il Piede Sinistro)

Descrizione: La frenata con il piede sinistro permette ai piloti di mantenere il piede destro sull'acceleratore mentre utilizzano il piede sinistro per modulare il freno. Questa tecnica è usata per stabilizzare l'auto in curva, mantenendo il turbo in pressione e garantendo una risposta immediata del motore quando si accelera di nuovo.

Perché Era Cruciale: Le auto del Gruppo B, con il loro turbo lag e la tendenza al sovrasterzo, richiedevano un controllo preciso della velocità e della trazione. La frenata con il piede sinistro permetteva ai piloti di gestire meglio la dinamica dell'auto in curva, mantenendo al contempo la pressione del turbo alta, pronta per l'uscita dalla curva.

Brake-Turn (Rotazione Frenante)

Descrizione: Questa tecnica consiste nell'applicare bruscamente il freno a metà curva per far ruotare la parte posteriore dell'auto, permettendo di sterzare in modo più aggressivo. È particolarmente efficace nelle curve strette o nei tornanti, dove è necessario un cambio di direzione rapido.

Perché Era Cruciale: Le auto del Gruppo B avevano spesso un comportamento sovrasterzante a causa dell'elevata potenza e della trazione integrale o posteriore. Utilizzare il brake-turn consentiva ai piloti di indirizzare la parte posteriore dell'auto verso la curva senza perdere velocità o tempo. Era particolarmente utile su terreni scivolosi dove il grip era minimo.

Handbrake Turn (Sterzata con il Freno a Mano)

Descrizione: Il freno a mano veniva utilizzato per far scivolare l'auto in curva, bloccando le ruote posteriori e inducendo un sovrasterzo controllato. Questa tecnica era spesso usata nei tornanti o nelle curve strette dove lo spazio per manovrare era limitato.

Perché Era Cruciale: Le auto del Gruppo B, soprattutto quelle a trazione integrale come l'Audi Quattro, erano pesanti e difficili da far girare rapidamente nelle curve strette. Usare il freno a mano permetteva ai piloti di far scivolare la parte posteriore dell'auto, girandola rapidamente senza dover rallentare troppo, mantenendo il ritmo e la velocità.

Weight Transfer Management (Gestione del Trasferimento di Peso)

Descrizione: La gestione del trasferimento di peso è fondamentale per mantenere il controllo dell'auto durante l'accelerazione, la frenata e le curve. I piloti usavano sterzate brusche, frenate improvvise e accelerazioni graduali per spostare il peso dell'auto e migliorare la trazione e la stabilità.

Perché Era Cruciale: Le auto del Gruppo B avevano un'inerzia notevole, soprattutto quelle dotate di grandi turbocompressori e motori pesanti. Il trasferimento di peso era una tecnica cruciale per mantenere l'aderenza nelle curve e su superfici irregolari, prevenendo scivolate incontrollate o perdite di trazione improvvise.

Utilizzo del Turbo Lag a Vantaggio

Descrizione: Il turbo lag, di solito considerato un problema, poteva essere sfruttato dai piloti più esperti per ottenere un vantaggio. Anticipando l'entrata in coppia del turbo, i piloti regolavano l'acceleratore e la velocità per avere la massima potenza disponibile proprio all'uscita di una curva.

Perché Era Cruciale: In un'auto come la Lancia Delta S4, gestire il turbo lag era essenziale per evitare di trovarsi senza potenza in momenti critici o, al contrario, con troppa potenza che poteva far perdere il controllo dell'auto. Utilizzare il turbo lag a proprio vantaggio permetteva ai piloti di massimizzare l'accelerazione e mantenere un vantaggio competitivo.

Cavalcare una Bestia

Guidare un'auto del Gruppo B non era solo questione di tecnica, ma anche di coraggio e prontezza. Le tecniche di guida utilizzate richiedevano un controllo e una precisione eccezionali, combinati con un istinto quasi sovrumano per percepire e reagire ai cambiamenti di comportamento dell'auto. Oggi, molte di queste tecniche sono ancora utilizzate nel rally, ma il contesto del Gruppo B le rendeva particolarmente estreme, dato il potenziale distruttivo delle auto e la mancanza di supporto elettronico.

Era un'epoca in cui i piloti dovevano essere tutt'uno con la macchina, usando abilità sviluppate attraverso anni di esperienza e un'intuizione quasi animalesca per domare queste bestie meccaniche. Le tecniche di guida nel Gruppo B non erano solo un'arte, ma una necessità per sopravvivere e vincere.

La differenza principale? Con una Gruppo B, eri un cowboy del rally, sempre sul filo del rasoio. Con un'auto moderna, sei un pilota di precisione, che può spingersi al limite sapendo che la tecnologia è dalla sua parte.

# CAPITOLO 17
## Gli Sponsor

Gli sponsor svolsero un ruolo cruciale durante l'era del Gruppo B, sia in termini di finanziamento dei team che di promozione del marchio. Questi partner commerciali erano spesso grandi aziende multinazionali che vedevano nel rally un'opportunità per associare il proprio brand a un'immagine di velocità, potenza e avventura. Molti di questi sponsor sono diventati parte integrante dell'identità visiva delle auto del Gruppo B, contribuendo a renderle iconiche. Ecco un elenco degli sponsor più importanti associati alle auto del Gruppo B:

Martini & Rossi (Martini Racing)

Team Sponsorizzato: Lancia

Auto: Lancia 037, Lancia Delta S4

Descrizione: Martini è forse il più iconico tra gli sponsor del rally, grazie alla sua inconfondibile livrea con strisce blu e rosse su fondo bianco. Il Martini Racing iniziò la sua collaborazione con Lancia già negli anni '70, continuando nel Gruppo B con la Lancia 037 e successivamente con la Lancia Delta S4. Martini è stato fondamentale nel finanziamento e nella promozione del team Lancia, associando il suo marchio a vittorie memorabili.

Impatto: La livrea Martini è ancora oggi una delle più riconoscibili nel motorsport, e la sua associazione con Lancia rimane un simbolo di eccellenza nel rally.

Rothmans

Team Sponsorizzato: Porsche

Auto: Porsche 911 SC/RS, Porsche 959 (che gareggiò nei rally raid come la Dakar)

Descrizione: Rothmans, noto brand di sigarette, ha sponsorizzato numerosi team nel motorsport, incluso il team Porsche nei rally. La classica livrea bianco-blu-oro della Rothmans adornava la Porsche 911 SC/RS, un'auto che partecipò al Gruppo B principalmente nei rally raid. La collaborazione con Rothmans ha aiutato Porsche a finanziare lo sviluppo delle sue vetture da corsa, comprese le 959 da rally raid.

Impatto: La livrea Rothmans è diventata leggendaria non solo nel rally, ma anche in altre discipline, come la Formula 1 e le gare di resistenza.

Peugeot Talbot Sport

Team Sponsorizzato: Peugeot

Auto: Peugeot 205 T16

Descrizione: Sebbene non fosse uno sponsor tradizionale esterno, Peugeot Talbot Sport (PTS) era il marchio sportivo del Gruppo PSA che supportava la partecipazione di Peugeot nel Gruppo B. PTS coordinava tutti gli sforzi del team, dai test allo sviluppo, e il suo logo era ben visibile sulla 205 T16. Tuttavia, Peugeot ebbe anche il sostegno di sponsor come Shell per la fornitura di carburante e lubrificanti.

Impatto: Peugeot Talbot Sport, con il supporto degli sponsor tecnici, ha dominato il Gruppo B negli ultimi anni, creando un legame forte tra il marchio Peugeot e il successo nel rally.

Audi Sport

Team Sponsorizzato: Audi

Auto: Audi Quattro, Audi Sport Quattro S1

Descrizione: Anche Audi ha optato per una strategia di branding attraverso Audi Sport, il reparto corse ufficiale. Tuttavia, la partecipazione di Audi era supportata anche da sponsor tecnici come Castrol e Bosch, fornitori rispettivamente di lubrificanti e sistemi elettronici.

Impatto: Audi Sport, combinato con la potenza di sponsor tecnici, ha contribuito a rendere la Quattro e le sue varianti tra le auto più temute e rispettate del Gruppo B.

Esso

Team Sponsorizzato: Toyota

Auto: Toyota Celica TCT

Descrizione: Esso, marchio di carburanti e lubrificanti, è stato uno degli sponsor principali del team Toyota durante la sua partecipazione nel Gruppo B con la Celica TCT. Sebbene Toyota non abbia avuto lo stesso successo di Audi o Peugeot nel Gruppo B, Esso ha contribuito significativamente al sostegno finanziario e tecnico del team.

Impatto: La partnership con Esso ha permesso a Toyota di sviluppare una base solida nel rally, che avrebbe portato successi significativi negli anni successivi con la Toyota Celica GT-Four nel Gruppo A.

Philip Morris (Marlboro)

Team Sponsorizzato: Fiat e Lancia

Auto: Lancia 037

Descrizione: Marlboro, marchio di sigarette di Philip Morris, era già un nome familiare nel motorsport grazie alla sua presenza in Formula 1. Nel rally, Marlboro ha sponsorizzato le Lancia 037 insieme a Martini, creando una combinazione visiva distintiva. La livrea rossa e bianca di Marlboro divenne iconica e aggiunse prestigio alla squadra, offrendo un sostegno finanziario vitale.

Impatto: L'associazione tra Marlboro e Lancia durante l'era del

Gruppo B contribuì a consolidare la presenza del brand nel motorsport e a sostenere il successo della Lancia nel WRC.

Texaco*

Team Sponsorizzato: Ford

Auto: Ford RS200

Descrizione: Texaco , marchio di petrolio e lubrificanti, era uno degli sponsor principali della Ford RS200. La presenza di Texaco contribuì a finanziare lo sviluppo e la competizione della RS200, un'auto che purtroppo non ebbe il tempo di dimostrare appieno il suo potenziale nel Gruppo B.

Impatto: La livrea Texaco sulla RS200 divenne parte della sua identità visiva, anche se la brevità della carriera della RS200 limitò l'esposizione del marchio.

Mobil 1

Team Sponsorizzato: MG Rover

Auto: MG Metro 6R4

Descrizione:Mobil 1 era il principale sponsor di lubrificanti della MG Metro 6R4. La partnership con Mobil 1 fornì il supporto necessario per lo sviluppo e la partecipazione della 6R4 nel Gruppo B, anche se i risultati sportivi furono modesti.

Impatto: Nonostante il limitato successo, la livrea bianco-rossa della MG Metro 6R4 con il logo Mobil 1 è diventata iconica tra gli appassionati di rally.

Conclusione

Gli sponsor del Gruppo B erano fondamentali non solo per finanziare i costosi programmi di sviluppo, ma anche per promuovere l'immagine delle squadre e dei marchi automobilistici. Molti di questi sponsor, come Martini, Rothmans e Marlboro, sono rimasti impressi nella memoria collettiva grazie alle loro livree iconiche e alla loro associazione con alcune delle auto più legendarie nella storia del motorsport. Nonostante il breve periodo di vita del Gruppo B, l'impatto di questi sponsor è durato ben oltre quegli anni, contribuendo a costruire la mitologia attorno a quelle auto straordinarie.

# CAPITOLO 18
## Gli investimenti

Le case automobilistiche hanno investito enormi risorse nello sviluppo delle auto del Gruppo B, sia in termini di denaro che di ricerca e sviluppo. Questi investimenti riflettevano l'ambizione di dominare una delle categorie più competitive e tecnologicamente avanzate mai esistite nel mondo del motorsport. Vediamo nel dettaglio quanto hanno investito le principali case automobilistiche, quali sono stati i ritorni su questi investimenti, e se alla fine l'impegno economico e tecnico sia valso la pena.

Audi

Investimento: Audi fu tra le prime case a credere nelle potenzialità del Gruppo B, investendo massicciamente nello sviluppo della Audi Quattro. L'introduzione della trazione integrale significò un notevole impegno ingegneristico e finanziario. Le stime parlano di oltre 10 milioni di dollari dell'epoca spesi nello sviluppo del progetto, senza contare le spese operative per ogni stagione del WRC.

Ritorno sull'Investimento: Per Audi, l'investimento fu un successo strepitoso. La trazione integrale Quattro divenne un marchio distintivo, aumentando enormemente le vendite di vetture stradali con la stessa tecnologia. Audi vinse il titolo costruttori nel 1982 e nel 1984, consolidando la sua reputazione a livello globale.

Valutazione Finale: L'investimento di Audi nel Gruppo B è stato senza dubbio redditizio. Non solo dominò nel rally, ma la tecnologia sviluppata diventò il pilastro del brand Audi, che ancora oggi è sinonimo di trazione integrale e prestazioni.

## Lancia

Investimento: Lancia, supportata dal gruppo Fiat, investì ingenti somme nello sviluppo della Lancia 037 e successivamente della Lancia Delta S4. L'investimento totale per i due progetti è stimato tra i 10 e i 15 milioni di dollari dell'epoca. Lancia fece un passo avanti nella progettazione della Delta S4, con il suo innovativo sistema di sovralimentazione e il telaio avanzato, che richiesero investimenti in ricerca e sviluppo molto significativi.

Ritorno sull'Investimento: Lancia vinse il titolo costruttori nel 1983 con la 037, l'ultima vettura a trazione posteriore a riuscirci. La Delta S4, sebbene estremamente competitiva, fu vittima del ritiro del Gruppo B dopo la tragedia del Tour de Corse nel 1986. Tuttavia, le tecnologie sviluppate furono successivamente trasferite alla Lancia Delta Integrale, che dominò il WRC negli anni successivi.

Valutazione Finale: Sebbene il Gruppo B si sia concluso tragicamente per Lancia, l'investimento fu comunque redditizio grazie ai successi ottenuti successivamente con la Delta Integrale. Le lezioni apprese durante il Gruppo B permisero a Lancia di diventare il marchio di maggior successo nella storia del WRC.

## Peugeot

Investimento: Peugeot entrò nel Gruppo B con la 205 T16, un progetto completamente nuovo e ambizioso. Il team Peugeot Talbot Sport, guidato da Jean Todt, ricevette ampi finanziamenti, con un investimento stimato intorno ai 10 milioni di dollari dell'epoca per lo sviluppo della 205 T16 e delle sue versioni evoluzione.

Ritorno sull'Investimento: Peugeot dominò il WRC con la 205 T16, vincendo i titoli costruttori e piloti nel 1985 e 1986. Il ritorno in termini di immagine fu enorme, rafforzando la reputazione del marchio e aumentando le vendite della 205 stradale, nonostante quest'ultima fosse molto diversa dalla versione da corsa.

Valutazione Finale: Per Peugeot, l'investimento nel Gruppo B si dimostrò altamente redditizio. La 205 T16 divenne un'icona, e il successo nel rally contribuì significativamente alla crescita del marchio nel mercato automobilistico globale.

Ford

Investimento: Ford investì circa 10 milioni di dollari nello sviluppo della *RS200, una vettura che doveva segnare il ritorno del marchio nel rally dopo il successo con l'Escort. La RS200 era un progetto complesso e innovativo, ma Ford entrò nel Gruppo B relativamente tardi, il che limitò le opportunità di ottenere un ritorno completo sull'investimento.

Ritorno sull'Investimento: Purtroppo, la RS200 non ebbe il tempo di dimostrare il suo pieno potenziale. Il ritiro del Gruppo B nel 1986 bloccò lo sviluppo, e i risultati competitivi furono limitati. Tuttavia, la RS200 rimase una vettura iconica, soprattutto nelle competizioni di rallycross, dove continuò a essere utilizzata per molti anni.

Valutazione Finale: L'investimento di Ford non si tradusse in un grande successo nel WRC, ma la RS200 guadagnò un posto nella storia delle auto sportive, con un seguito di culto tra gli appassionati. Il ritorno economico diretto fu limitato, ma l'auto rimane un simbolo dell'epoca.

MG Rover

Investimento: MG Rover investì somme relativamente modeste rispetto ai giganti del Gruppo B nello sviluppo della MG Metro 6R4. Si stima che il progetto abbia avuto un budget di circa 5 milioni di dollari, sviluppato in collaborazione con Williams Grand Prix Engineering.

Ritorno sull'Investimento: La MG Metro 6R4 fu competitiva su superfici tecniche, ma non riuscì mai a diventare una minaccia per i grandi del Gruppo B. Tuttavia, l'auto trovò una seconda vita nei campionati di rally nazionali e nel rallycross, dove continuò a competere per anni.

Valutazione Finale: L'investimento di MG Rover non portò a successi significativi nel WRC, ma la 6R4 si guadagnò una nicchia nelle competizioni minori. Dal punto di vista commerciale, l'investimento non fu del tutto ripagato, ma l'auto rimane una curiosità storica.

Per alcune case automobilistiche, come Audi e Peugeot, l'investimento nel Gruppo B si è rivelato straordinariamente redditizio. Queste aziende non solo hanno dominato il WRC, ma hanno anche beneficiato di un ritorno significativo in termini di immagine e vendite delle loro vetture stradali, spesso grazie alla tecnologia e alle innovazioni sviluppate durante l'era del Gruppo B.

Per altre case, come Ford e MG Rover, l'investimento non ha portato ai risultati sperati sul campo di gara, ma ha comunque lasciato un'eredità significativa nel motorsport e tra gli appassionati. Sebbene il ritorno economico diretto possa essere stato limitato, il fascino duraturo delle auto del Gruppo B continua a influenzare il design e la cultura automobilistica fino ai giorni nostri.

In generale, nonostante i costi elevati e i tragici eventi che hanno segnato la fine del Gruppo B, l'investimento delle case automobilistiche in questa categoria ha spinto l'innovazione a nuovi livelli, con benefici che si sono estesi ben oltre la durata delle gare stesse.

# CAPITOLO 19
## Il Pericolo

Sì, le auto del Gruppo B erano davvero pericolose, e questa pericolosità era il risultato di una combinazione di fattori tecnici, regolamentari e ambientali che portò a numerosi incidenti e, purtroppo, a tragiche perdite di vite. Queste vetture, concepite per spingere i limiti della tecnologia e delle prestazioni, finirono per superare anche i limiti della sicurezza. Ecco una spiegazione dettagliata delle ragioni per cui le auto del Gruppo B erano così pericolose:

Potenza Estrema e Peso Ridotto

Potenza: Le auto del Gruppo B sviluppavano una potenza incredibile, con alcune vetture come l'Audi Sport Quattro S1 E2 e la Lancia Delta S4 che superavano i 500-600 CV. Questi motori sovralimentati, grazie a turbo ad alta pressione e, in alcuni casi, a sistemi di sovralimentazione combinati (come la Lancia Delta S4 con turbo e compressore volumetrico), producevano una spinta fenomenale, spesso difficile da gestire.

Peso: Le auto erano progettate per essere il più leggere possibile, con un peso che spesso si aggirava sui 900 kg o meno. Questa combinazione di potenza elevata e peso ridotto portava a un rapporto peso/potenza impressionante, superiore a quello di molte auto da corsa di altre discipline. Questo significava che le vetture potevano accelerare e raggiungere velocità elevatissime in pochissimo tempo, ma ciò le rendeva anche estremamente difficili da controllare, soprattutto su terreni accidentati e scivolosi.

Trazione Integrale e Dinamica di Guida

Trazione Integrale: La trazione integrale, introdotta da Audi con la Quattro, aumentava enormemente la trazione su superfici a bassa aderenza come ghiaia, neve e fango. Tuttavia, mentre migliorava la trazione, la trazione integrale portava anche a un aumento della velocità media su percorsi dove prima le auto erano molto più lente, esponendo piloti e spettatori a rischi maggiori.

Dinamica di Guida: La combinazione di trazione integrale e sovralimentazione rendeva le auto estremamente reattive, ma anche difficili da prevedere, specialmente in condizioni di scarsa aderenza. L'erogazione di potenza era spesso brutale e improvvisa, soprattutto con i turbo delle prime generazioni, che soffrivano di un marcato ritardo nella risposta (turbo lag), seguito da una violenta esplosione di potenza quando il turbo entrava in funzione.

Regolamenti Flessibili e Innovazione Sfrenata

Omologazione Minima: Per omologare un'auto nel Gruppo B, i regolamenti richiedevano la produzione di soli 200 esemplari stradali, molto meno rispetto alle categorie precedenti. Questo incoraggiò i costruttori a creare auto praticamente da corsa, con pochissimi compromessi per l'uso su strada. Le auto del Gruppo B erano essenzialmente prototipi estremi, spesso sperimentali, con tecnologie avanzate e non testate a sufficienza.

Assenza di Limiti di Potenza: Non c'erano restrizioni sulla potenza del motore, il che portò i costruttori a cercare costantemente nuovi modi per aumentare la potenza, a volte a discapito della guidabilità e della sicurezza. L'innovazione sfrenata nel design del motore, della carrozzeria e delle sospensioni portava a soluzioni audaci ma talvolta instabili o inaffidabili.

Condizioni di Gara e Ambiente

Prove Speciali su Terreni Difficili: Le gare di rally del Gruppo B si svolgevano su strade strette, accidentate e spesso non asfaltate, con cambiamenti costanti nelle condizioni meteorologiche e del fondo stradale. Questi terreni mettevano a dura prova le auto e i piloti, e la possibilità di errore era estremamente ridotta. Uscite di strada o collisioni con ostacoli naturali come alberi, rocce o muri erano frequenti e spesso devastanti.

Folla Incontrollata: L'entusiasmo per il Gruppo B attirava enormi folle di spettatori, che spesso si posizionavano pericolosamente vicini alla strada, o addirittura sul tracciato stesso, spostandosi all'ultimo momento. La mancanza di barriere e misure di sicurezza adeguate per il pubblico portò a numerosi incidenti mortali tra gli spettatori. Il Rally del Portogallo del 1986, dove una Ford RS200 uscì di strada uccidendo tre persone e ferendone oltre 30, è uno degli esempi più tragici.

Sicurezza dei Piloti

Scarsa Protezione: Le tecnologie di sicurezza dei veicoli negli anni '80, come le gabbie di sicurezza e i sistemi di protezione anti-incendio, non erano sufficientemente avanzate per le velocità e le forze in gioco nelle auto del Gruppo B. Gli incidenti potevano essere catastrofici, con vetture che esplodevano in fiamme o si disintegravano all'impatto. Il tragico incidente di Henri Toivonen e del suo navigatore Sergio Cresto al Tour de Corse del 1986, dove la Lancia Delta S4 si incendiò dopo un volo fuori strada, evidenziò la pericolosità di queste vetture.

Le auto del Gruppo B erano, senza dubbio, tra le più spettacolari mai costruite, ma la loro potenza, combinata con regolamenti permissivi e condizioni di gara estremamente impegnative, le rendeva pericolosamente imprevedibili. I piloti dovevano confrontarsi con un rischio costante, e anche i più esperti potevano commettere errori fatali. L'assenza di adeguate misure di sicurezza per piloti e spettatori, insieme all'estrema natura delle vetture stesse, contribuì a creare un ambiente dove l'innovazione e l'audacia avevano superato i limiti accettabili della sicurezza.

Alla fine, fu proprio questa pericolosità a decretare la fine del Gruppo B, con la FIA che decise di bandire la categoria alla fine del 1986, sostituendola con il più sicuro (ma meno spettacolare) Gruppo A, ponendo fine a un'era irripetibile nel mondo del motorsport.

# CAPITOLO 20
## Gli Incidenti

L'era del Gruppo B, sebbene leggendaria per le sue auto e le sue gare spettacolari, è purtroppo segnata anche da una serie di tragici incidenti che hanno portato alla morte di piloti, navigatori e spettatori. Questi eventi hanno avuto un impatto significativo sul mondo del rally e hanno portato alla fine del Gruppo B. È importante ricordare e onorare coloro che hanno perso la vita in queste circostanze.

Attilio Bettega

Data dell'Incidente: 2 maggio 1985

Gara: Tour de Corse (Francia)

Auto: Lancia 037

Descrizione: Attilio Bettega, pilota italiano, perse la vita durante il Tour de Corse del 1985 quando la sua Lancia 037 uscì di strada e colpì un albero, uccidendolo sul colpo. Il suo navigatore, Maurizio Perissinot, sopravvisse all'incidente. Questo fu uno dei primi segnali della pericolosità delle vetture del Gruppo B, ma purtroppo non fu sufficiente a fermare le competizioni.

Marcello Carandente

Data dell'Incidente: 6 ottobre 1985

Gara: Rally di Sanremo (Italia)

Auto: Ferrari 308 GTB

Descrizione: Marcello Carandente, navigatore italiano, perse la vita quando la Ferrari 308 GTB guidata da Antonio "Tony" Fassina uscì di strada durante una prova speciale del Rally di Sanremo. L'incidente avvenne a causa dell'elevata velocità su un tratto difficile, e il veicolo precipitò in un dirupo, uccidendo Carandente sul colpo.

Henri Toivonen e Sergio Cresto

Data dell'Incidente: 2 maggio 1986

Gara: Tour de Corse (Francia)

Auto: Lancia Delta S4

Descrizione: Henri Toivonen, pilota finlandese, e il suo navigatore italo-americano, Sergio Cresto, persero la vita durante il Tour de Corse del 1986. La loro Lancia Delta S4 uscì di strada in una curva a sinistra, precipitò in un burrone e si incendiò all'istante. La natura devastante dell'incidente portò la FIA a bandire il Gruppo B alla fine della stagione 1986.

Joaquim Santos

Data dell'Incidente: 5 marzo 1986

Gara: Rally del Portogallo

Auto: Ford RS200

Descrizione: Joaquim Santos, pilota portoghese, fu coinvolto in un incidente che non lo uccise, ma provocò la morte di tre spettatori: Ana Maria Correia, Fernando Mendes, e Manuel Alves. L'incidente avvenne durante il Rally del Portogallo del 1986, quando la sua Ford RS200 uscì di strada a causa della folla che si avvicinava troppo al percorso. Altri trenta spettatori rimasero feriti. Questo incidente sottolineò l'estrema pericolosità delle gare del Gruppo B, sia per i piloti che per il pubblico.

Michel Wyder

Data dell'Incidente: 9 marzo 1986

Gara: Rally di Portogallo

Auto: Ford RS200

Descrizione: Michel Wyder, navigatore svizzero, perse la vita durante il Rally di Portogallo del 1986. L'incidente avvenne durante una prova speciale, quando l'auto guidata dal pilota svizzero Josef Schumacher si schiantò a causa di un errore di guida. L'impatto fu devastante e Wyder morì sul colpo. Schumacher sopravvisse con gravi ferite.

Queste tragiche perdite hanno segnato profondamente l'era del Gruppo B e il mondo del rally in generale. Ogni nome qui ricordato rappresenta non solo una vita persa, ma anche un monito sull'importanza della sicurezza nel motorsport. L'eredità del Gruppo B è indissolubilmente legata a questi eventi, e onorare la memoria di chi ha perso la vita è essenziale per comprendere appieno la storia di questa categoria.

Con il loro coraggio, passione e dedizione, questi piloti, navigatori e spettatori hanno lasciato un segno indelebile nella storia del rally, e il loro ricordo continua a vivere nelle menti e nei cuori degli appassionati di motorsport di tutto il mondo.

# CAPITOLO 21
## Torneranno i Gruppo B ?

È improbabile che le auto del Gruppo B tornino mai a gareggiare nei rally moderni, almeno nella forma estrema che le caratterizzava negli anni '80. Le ragioni di questa improbabilità sono radicate nei cambiamenti regolamentari, nelle considerazioni sulla sicurezza e nell'evoluzione del motorsport. Tuttavia, è interessante esplorare il perché di questa improbabilità e cosa potrebbe significare un "ritorno" del Gruppo B, anche solo in forma simbolica o rivisitata.

Sicurezza

Standard Moderni: Le auto del Gruppo B erano straordinariamente potenti, ma anche estremamente pericolose. Le tecnologie di sicurezza dell'epoca non erano sufficienti per gestire la velocità e la potenza di queste vetture, e il loro design spingeva i limiti delle capacità umane e tecnologiche. Oggi, la sicurezza è una priorità assoluta nel motorsport, e le auto moderne devono rispettare rigidi standard di sicurezza che semplicemente non erano applicabili al Gruppo B.

Incidenti Tragedici: Gli incidenti fatali di Henri Toivonen, Sergio Cresto, Attilio Bettega e altri sono il motivo principale per cui la FIA decise di bandire il Gruppo B alla fine del 1986. Il rischio per i piloti, i navigatori e gli spettatori era troppo elevato e riproporre auto con caratteristiche simili oggi andrebbe contro le lezioni apprese da quelle tragedie.

Regolamenti e Filosofia del Motorsport

Regolamenti Restrittivi: I regolamenti moderni del World Rally Championship (WRC) sono progettati per limitare la potenza delle auto, garantire la parità competitiva e, soprattutto, migliorare la sicurezza. La FIA ha introdotto il Gruppo A dopo il Gruppo B proprio per ridurre la potenza delle vetture e aumentarne la sicurezza. Oggi, il WRC segue regolamenti che bilanciano prestazioni e sicurezza, rendendo difficile immaginare un ritorno alle auto radicali e sperimentali del Gruppo B.

Filosofia Competitiva: Il motorsport moderno si concentra più sull'equilibrio competitivo, la sostenibilità e l'intrattenimento per un pubblico globale. Il Gruppo B, con la sua enfasi sull'innovazione sfrenata e la mancanza di limiti tecnici, era una categoria più "selvaggia" e meno controllabile, sia dal punto di vista regolamentare che tecnico.

## Tecnologia Moderna e Approccio alla Performance

Tecnologie Avanzate: Le auto moderne utilizzano tecnologie come l'elettrificazione, la gestione elettronica avanzata e i materiali compositi leggeri, che permettono di ottenere alte prestazioni in modo più sicuro e controllato. Se si volesse creare una "nuova" versione del Gruppo B, dovrebbe necessariamente incorporare queste tecnologie per rispettare gli standard odierni, ma ciò le renderebbe molto diverse dalle vetture originali.

Performance Gestibile: Oggi, i produttori di auto sportive cercano di rendere la potenza gestibile per i piloti, anche a livello amatoriale. Le auto del Gruppo B erano così potenti e difficili da controllare che anche i piloti più esperti avevano difficoltà a gestirle. Riproporre una categoria simile potrebbe risultare in un prodotto non solo pericoloso, ma anche poco appetibile per il mercato odierno.

## Un Possibile "Ritorno" Simbolico

Eventi Storici e Revival: Sebbene le auto del Gruppo B non torneranno probabilmente a gareggiare in competizioni ufficiali, ci sono eventi e rally storici in cui queste vetture continuano a essere celebrate e guidate. Questi eventi, come il *RallyLegend* a San Marino, consentono agli appassionati di rivivere l'emozione del Gruppo B in un contesto più controllato e sicuro.

Modelli Ispirati al Gruppo B: Alcuni produttori hanno creato o stanno sviluppando auto moderne che si ispirano al Gruppo B in termini di design e filosofia, ma con le tecnologie e le norme di sicurezza attuali. Queste vetture catturano lo spirito del Gruppo B, ma senza i pericoli associati alle originali.

Nostalgia e Cultura dell'Automobilismo

La Leggenda del Gruppo B: Il Gruppo B è diventato un mito nel mondo del motorsport. La nostalgia per quell'epoca è alimentata dai racconti epici, dalle auto iconiche e dalle storie di coraggio e follia che la circondano. Sebbene il Gruppo B non possa tornare, la sua eredità continua a vivere attraverso i fan, i video, i giochi di simulazione e le auto storiche che partecipano agli eventi.

Modelli Concept e Prototipi: Alcuni produttori hanno esplorato la possibilità di sviluppare concept car che richiamano il design e l'anima del Gruppo B, ma adattandoli alle tecnologie moderne. Questi modelli non sono destinati a competere, ma a mantenere viva l'ispirazione e la passione per un'epoca irripetibile.

Il ritorno del Gruppo B, nella sua forma originale, è altamente improbabile a causa delle considerazioni legate alla sicurezza, ai regolamenti e all'evoluzione del motorsport. Tuttavia, lo spirito del Gruppo B continua a vivere nella cultura automobilistica, nei rally storici e nei modelli di auto che si ispirano a quell'epoca. Anche se non vedremo mai più auto così estreme gareggiare in un campionato ufficiale, la leggenda del Gruppo B rimarrà per sempre un capitolo affascinante e irripetibile nella storia del motorsport.

# CAPITOLO 22
## Auto da collezione

Le auto del Gruppo B sono tra le più ricercate e preziose nel mondo del collezionismo automobilistico. Questi veicoli, che rappresentano il picco dell'innovazione tecnica e del fascino del motorsport degli anni '80, hanno raggiunto valori incredibili nel mercato odierno, grazie alla loro rarità, storia e status iconico. Nel 2024, il valore di queste auto continua a crescere, rendendole tra i gioielli più desiderati dai collezionisti di tutto il mondo.

Audi Sport Quattro S1 E2

Valore Collezionistico: Tra i 2,5 e i 3,5 milioni di euro

Descrizione: L'Audi Sport Quattro S1 E2 è forse la più iconica delle auto del Gruppo B, con la sua imponente carrozzeria e l'incredibile potenza. Questo modello rappresenta il culmine dello sviluppo della trazione integrale Quattro, e la sua associazione con leggende come Walter Röhrl ne aumenta ulteriormente il valore. La rarità e la storia che circonda questa vettura la rendono estremamente preziosa.

Lancia Delta S4

Valore Collezionistico: Tra i 1,5 e i 3 milioni di euro

Descrizione: La Lancia Delta S4, con il suo motore bi-sovralimentato (turbo e compressore volumetrico), è considerata una delle auto più avanzate e pericolose del Gruppo B. La tragica storia di Henri Toivonen e Sergio Cresto, che persero la vita in questa vettura, contribuisce al suo status leggendario.

Gli esemplari originali, specialmente quelli con un passato agonistico, sono altamente ricercati e possono raggiungere cifre straordinarie.

Peugeot 205 T16

Valore Collezionistico: Tra i 1,2 e i 2,5 milioni di euro

Descrizione: La Peugeot 205 T16 ha dominato il WRC nel 1985 e 1986, con piloti come Timo Salonen e Juha Kankkunen. La sua storia vincente e il design compatto ma sofisticato la rendono una delle auto più ambite del Gruppo B. Le versioni Evolution, utilizzate nei rally ufficiali, sono particolarmente ricercate e possono superare i 2 milioni di euro.

Lancia 037

Valore Collezionistico: Tra i 1,2 e i 2 milioni di euro

Descrizione: L'ultima auto a trazione posteriore a vincere il Campionato del Mondo Rally, la Lancia 037 è una leggenda. Con un design elegante e una meccanica che unisce semplicità e raffinatezza, questa vettura è molto apprezzata dai collezionisti. Gli esemplari ben conservati o con un passato agonistico documentato possono raggiungere valori molto elevati.

Ford RS200

Valore Collezionistico: Tra gli 800.000 euro e 1,5 milioni di euro

Descrizione: La Ford RS200 è una delle auto più tecnologicamente avanzate del Gruppo B, con una trazione integrale sofisticata e un design innovativo. Nonostante abbia avuto una carriera breve nel WRC, la RS200 è diventata molto ricercata per la sua rarità e per il fascino della sua storia. Le versioni Evolution, con potenza aumentata e specifiche da corsa, sono particolarmente preziose.

MG Metro 6R4

Valore Collezionistico: Tra i 400.000 e i 700.000 euro

Descrizione: La MG Metro 6R4, con il suo motore V6 aspirato e il design compatto, è una delle auto più insolite del Gruppo B. Sebbene non abbia avuto un grande successo in gara, la sua unicità e la connessione con il team Williams ne fanno un oggetto di desiderio per i collezionisti. I modelli originali e in buone condizioni possono raggiungere cifre significative.

Renault 5 Turbo

Valore Collezionistico: Tra i 200.000 e i 500.000 euro

Descrizione: Sebbene non abbia dominato il Gruppo B, la Renault 5 Turbo è molto apprezzata per il suo design iconico e la sua configurazione a motore centrale. I modelli da competizione, specialmente quelli che hanno partecipato al WRC, sono molto ricercati, ma anche le versioni stradali ben conservate hanno visto un forte aumento di valore.

Porsche 959

Valore Collezionistico: Tra i 1,5 e i 2,5 milioni di euro

Descrizione: Sebbene non abbia corso nel WRC, la Porsche 959 fu sviluppata come una vettura Gruppo B ed è una delle supercar più avanzate del suo tempo. Il suo design e la tecnologia all'avanguardia, insieme al successo nei rally raid come la Parigi-Dakar, la rendono estremamente preziosa e ricercata dai collezionisti.

Conclusione

Nel 2024, il valore collezionistico delle auto del Gruppo B è ai massimi storici, riflettendo la loro rarità, l'impatto storico e il fascino intramontabile. Queste vetture non sono solo pezzi da collezione, ma veri e propri simboli di un'epoca leggendaria del motorsport. I collezionisti disposti a investire in queste auto non stanno solo acquistando una macchina, ma un pezzo di storia, con tutto il carico emotivo e tecnico che essa porta con sé.

Con il tempo, è probabile che questi valori continuino a crescere, rendendo le auto del Gruppo B uno degli investimenti più sicuri e affascinanti nel mondo del collezionismo automobilistico

# CAPITOLO 23
## Auto Gruppo B Vs Supercar

La guida di un'auto del Gruppo B rispetto a una moderna supercar o vettura da rally è un'esperienza radicalmente diversa, quasi come confrontare un cavallo selvaggio con un'astronave. Le differenze sostanziali risiedono nella potenza bruta, nella mancanza di assistenze elettroniche, e nella fisicità richiesta per domare una Gruppo B, rispetto alla precisione e all' "addomesticamento" delle auto moderne.

Potenza Bruta vs Gestione Raffinata

Gruppo B: Le auto del Gruppo B avevano una potenza esplosiva, con oltre 500 cavalli spesso in un pacchetto di meno di 1000 kg. La distribuzione della potenza, grazie ai turbo enormi e agli impianti anti-lag, era brutale e poco prevedibile. L'erogazione non era lineare: poteva esserci un ritardo (turbo lag) seguito da un'ondata di potenza che arrivava all'improvviso e con violenza, obbligando il pilota a essere costantemente pronto a reagire. Non c'erano aiuti elettronici, quindi la capacità di dosare l'acceleratore e gestire la trazione era tutto nelle mani (e nei piedi) del pilota.

Auto Moderna: Le supercar e le vetture da rally moderne offrono un'erogazione di potenza molto più lineare e prevedibile, grazie alla gestione elettronica avanzata del motore e alla presenza di sistemi come il controllo di trazione e la gestione della coppia. Anche con potenze superiori ai 1000 cavalli, come in una Bugatti Chiron, il pilota è sempre assistito da un arsenale di elettronica che rende l'erogazione fluida e controllata. La potenza è facilmente accessibile e modulabile, il che permette al pilota di concentrarsi sulla precisione piuttosto che sulla pura sopravvivenza.

Assenze Elettroniche vs. Controlli Moderni

Gruppo B: Niente ABS, niente controllo di trazione, niente differenziali a controllo elettronico. Tutto era meccanico e diretto. Se iniziavi a sbandare, dovevi gestire la derapata con il volante, l'acceleratore e il freno. Gli errori si pagavano cari, spesso con uscite di strada spettacolari (e pericolose). La sensazione al volante era pura e cruda, ma estremamente impegnativa: richiedeva riflessi pronti, un piede destro finemente calibrato e nervi d'acciaio.

Auto Moderna: Le auto moderne sono equipaggiate con un arsenale di assistenze elettroniche che aiutano a mantenere l'auto sotto controllo anche in situazioni estreme. Sistemi come l'ABS, il controllo di stabilità, il torque vectoring e i differenziali a controllo elettronico lavorano insieme per ottimizzare la trazione, correggere errori e mantenere la stabilità. Anche se questi sistemi possono essere disattivati su alcune vetture per un'esperienza più "pura", la sicurezza e il controllo di base sono sempre presenti.

Impegno Fisico vs. Precisione Tecnologica

Gruppo B: Guidare una Gruppo B era fisicamente e mentalmente esaustivo. Le auto erano difficili da controllare, richiedevano continui aggiustamenti al volante, e il pilota doveva combattere contro un costante sovrasterzo o sottosterzo. Il feedback dal volante era brutale: ogni asperità del terreno si sentiva nelle mani, ogni sconnessione poteva far saltare l'auto. Gli abitacoli erano caldi, rumorosi e scomodi. Il pilota doveva essere in perfetta forma fisica per resistere alla fatica, alle forze G e allo stress.

Auto Moderna: Le auto moderne, pur offrendo prestazioni superiori, sono molto più facili da guidare. Il comfort è migliorato, le sospensioni assorbono meglio le asperità e il feedback del volante è filtrato in modo da dare al pilota solo le informazioni necessarie. Le moderne vetture da corsa sono progettate per essere più precise, permettendo al pilota di concentrarsi sulla traiettoria ideale piuttosto che sul mantenere l'auto in strada. Anche dopo una giornata in pista, il pilota può uscire dall'auto stanco, ma non esausto come accadeva con le Gruppo B.

Connessione Meccanica vs. Interfaccia Digitale

Gruppo B: La guida era un'esperienza diretta e meccanica. Il pilota era in connessione fisica con la macchina: il cambio era manuale e spesso difficile da manovrare, il pedale della frizione era pesante, e ogni input era grezzo e diretto. Questa mancanza di filtri rendeva la guida intensa, ma anche imprevedibile. Era il pilota a dominare la macchina, o la macchina a dominare il pilota.

Auto Moderna: Le auto moderne hanno cambi sequenziali, doppia frizione o automatici a otto marce con paddle al volante. L'interazione con il veicolo è mediata dall'elettronica, che ottimizza ogni cambiata, modulazione della potenza e azione di frenata. La precisione e la velocità di queste interfacce digitali rendono la guida più fluida, ma meno "viscerale" rispetto alla guida di una Gruppo B, dove ogni azione aveva un feedback immediato e spesso brutale.

Cavalcare un Toro vs. Pilotare un Jet

Guidare una Gruppo B era come cavalcare un toro infuriato: ogni secondo era una lotta per il controllo, con la possibilità sempre presente che qualcosa potesse andare storto in modo catastrofico. Le auto moderne, invece, sono come jet da combattimento: velocissime, ma con un sistema di controllo fly-by-wire che ti tiene in rotta anche nelle manovre più audaci.

# CAPITOLO 24
## Aneddoti e storie memorabili

1. Il salto del "Col de Turini" (1984): Ari Vatanen sulla Peugeot 205 T16 effettuò un salto così lungo che alcuni spettatori pensarono avesse preso il volo.

2. Audi e la strategia del "Drift assistito" (1985): I piloti Audi impararono a usare la trazione integrale per controllare il sovrasterzo con precisione millimetrica, sfruttando la potenza per derapare, mantenendo la traiettoria ideale.

3. Lancia e l'aerodinamica attiva (1986): Per la Delta S4, Lancia sperimentò appendici aerodinamiche flessibili che si adattavano alla velocità, un'idea troppo avanzata per i tempi.

4. Peugeot e la "magia del peso" (1986): I tecnici Peugeot ridussero il peso della 205 T16 eliminando il superfluo, incluse parti del cruscotto. Più peso significava meno accelerazione, quindi via tutto!

5. Il test segreto della Ford RS200 (1985): Prima del debutto, Ford fece test segreti in una cava dismessa, usando un prototipo rivestito di fango per confondere le spie delle altre scuderie.

www.ingramcontent.com/pod-product-compliance
Lightning Source LLC
Chambersburg PA
CBHW050312230526
45471CB00005B/2134